U0162469

爱上编程

给孩子的计算机入门书

靳顺隆 / 著

浙江人民出版社

图书在版编目（CIP）数据

爱上编程：给孩子的计算机入门书 / 靳顺隆著. —
杭州 ：浙江人民出版社，2021.8
ISBN 978-7-213-10186-1

Ⅰ.①爱… Ⅱ.①靳… Ⅲ.①程序设计－少儿读物
Ⅳ.① TP311.1-49

中国版本图书馆 CIP 数据核字（2021）第 114643 号

爱上编程：给孩子的计算机入门书

靳顺隆　著

出版发行：浙江人民出版社（杭州市体育场路347号　邮编　310006）
　　　　　市场部电话：（0571）85061682　85176516
责任编辑：陈　源
特约编辑：周海璐
营销编辑：陈雯怡　赵　娜　陈芊如
责任校对：何培玉
责任印务：刘彭年
封面设计：北京红杉林文化发展有限公司
电脑制版：北京创智明辉文化发展有限公司
印　　刷：杭州丰源印刷有限公司
开　　本：710 毫米 ×1000 毫米　1/16　印　　张：16.75
字　　数：180 千字　　印　　页：1
版　　次：2021 年 8 月第 1 版　　印　　次：2021 年 8 月第 1 次印刷
书　　号：ISBN 978-7-213-10186-1
定　　价：68.00 元

如发现印装质量问题，影响阅读，请与市场部联系调换。

前言

我们生活在一个计算机无处不在的时代，从看得见的笔记本电脑、智能手机、智能手表以及各种智能设备，到看不见的云计算，计算机每时每刻都在帮我们做各种各样的事情。对孩子来说，在他们的未来，计算机更将是生活和工作的一部分，怎么让孩子与计算机更好地相处，就成了一个非常重要的话题。

本书将带孩子来认识一下计算机这个每天都能看得见的朋友。本书将介绍计算机的原理、结构、发展历史和它的大家庭，还将介绍计算机的语言、操作系统、网络，以及计算机的智慧——机器学习，只有深入地了解它，我们才能更好地与它相处。当然，本书并不会枯燥地讲解计算机原理，而是在讲解的过程中，把它与小朋友熟悉的事物关联起来，让他们更容易理解。同时，书中也有大量的动手操作，通过实践结合理论，让孩子更好地领悟要点。

本书作为计算机的入门科普书籍，不会泛泛地讲解计算机的操作和使用，而是由浅入深，由实践到理论，层层递进，为孩子揭密这个目前为止人类创造的最精密、最智慧的工具，让孩子感受到学习知识的快乐。

目录

第 1 章

计算机——我们身边的朋友

小朋友，你好，今天我给你介绍一位新朋友。虽说是新朋友，但其实我们对它并不陌生，它就在我们的身边。我们可以用它来学习、玩游戏、看电影，它还可以帮我们打扫房间、洗衣服，等等。它的能力可大了。那么，它到底是谁呢？

它既是图1-0-1中的台式计算机，又是图1-0-2中的笔记本电脑，还是图1-0-3中的智能手机。

图1-0-1　台式计算机

图1-0-2　笔记本电脑

图1-0-3　智能手机

也许你会说，这是三个不同的东西啊。但其实，它们都有一个共同的名字，那就是**计算机**。就像我们人类有高矮胖瘦一样，计算机也有不同的样子。不一样的计算机，功能也有所不同。我们再看看从图1-0-4到图1-0-7所展示的几种计算机。

图1-0-4　扫地机器人

图1-0-5　智能洗衣机

图1-0-6　智能音响

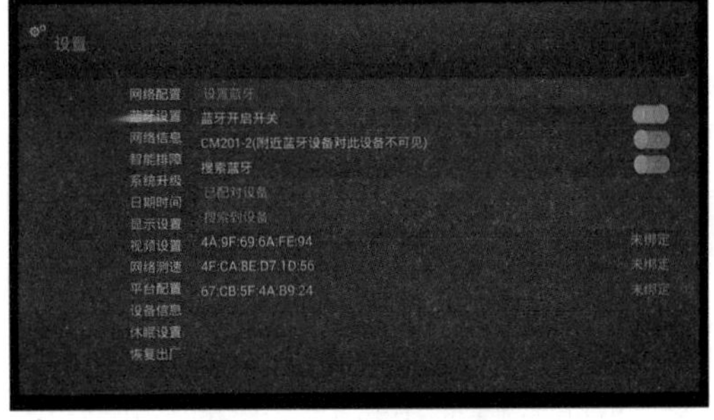

图1-0-7　智能电视机

看到各式各样的计算机，你是不是觉得大开眼界了呢？有了计算机的帮助，人们使用这些设备就会更加方便。比如智能音响，我们只要对着它说话，它就能听懂我们的意思，并且按照我们的指令播放音乐，是不是很酷？

虽然这些计算机的功能各不相同，但是它们都有一个共同的祖先。

世界上最早的通用计算机

1946年，世界上最早的通用计算机——“ENIAC”在美国诞生。这台机器，可是个大家伙，能占满整整一个房间，而且耗电量巨大，相传只要它一启动，整个费城的灯光都要变暗。这样一台庞然大物，记忆能力却十分低下。那么，这样一个大家伙是怎么演变成如今千姿百态的各种智能设备的呢？我们将在后面的章节为大家解开这个谜题。

随着互联网和智能时代的到来，各式各样的计算机出现在了我们的身边，它们就像不知疲倦的管家，帮我们打理着各种各样烦琐的事情；它们也像朋友，已经成为我们生活中重要的一部分。离开计算机的生活还真是没法想象。因此，我们需要了解这些朋友，了解它们的家庭组成和历史，只有这样，我们才能更好地与它们相处。接下来，让我们一起走入计算机的世界，开启这段奇妙之旅吧。

小朋友们，让我们一起做个小游戏。你能找一下在你的家里有哪些计算机吗？看看你能找到多少种，说一说这些计算机都能帮我们做些什么。你也可以跟爸爸妈妈讨论一下这个话题。

第 1 节 计算机能帮我们做什么?

我们之前提到了很多种计算机，那么，计算机到底能帮我们做些什么呢？下面，我们就来讨论这个话题。

不同种类的计算机一般会被应用到不同的场景中。比如上面我们提到的智能电视，针对的就是看电视这个场景，智能音响针对的就是语音交互的场景。另外，还有几类计算机是**通用计算机**，比如台式计算机、笔记本电脑、智能手机和平板电脑等，它们可以处理各种各样的事情。

通用计算机对我们日常生活和工作的帮助是非常巨大的，甚至可以毫不夸张地说，我们已经离不开它们了，所以这类计算机也是家庭中最常配备的。小朋友们，快去找一下，你家中有哪些通用计算机吧。

学习计算机就是一个跟计算机交朋友的过程，就像我们跟学校里的新同学交往一样，需要不断地来往、磨合才可以。所以，我们学习计算机需要不断地去动手操作，只要多跟它打交道，很快就会熟悉它。在接下来的章节里，我也不会花太多篇幅在教大家如何使用计算机上，而是希望大家能够自己动手去探索。相信大家很快就会喜欢上这个新朋友。

通用计算机

为什么说某些计算机是通用的呢？因为这些计算机允许我们安装各种各样的程序。如图1-1-1所示，这是台式计算机的显示界面，其中各种颜色鲜艳的色块就代表一个个程序；再比如，如图1-1-2所示，这是智能手机的操作界面，图中这些方形的图标就代表一个个应用。“程序”“App”或者“应用”在这里都代表同一个意思，指提供一类功能的程序。计算机通过这些不同的程序就可以做各种各样的事情，我们还可以通过安装更多的程序增加计算机的功能，所以，我们管这类计算机叫通用计算机。

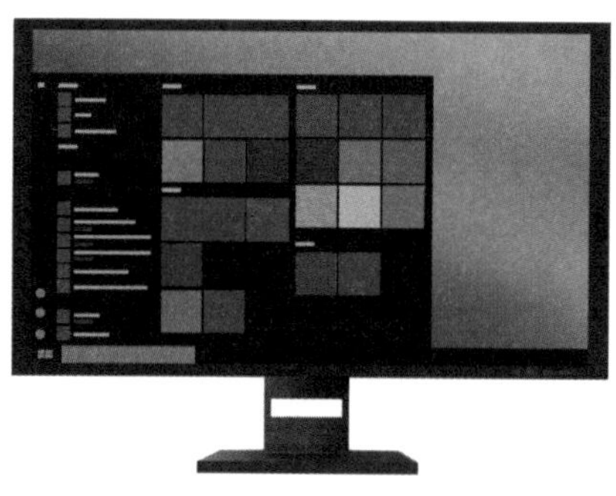

图1-1-1　台式计算机的界面

图1-1-2　智能手机的界面

下面，我们来聊聊计算机到底能帮我们做什么。我会选取其中比较重要的几类用途进行讲解，小朋友们也可以实际操作一下哦。

计算

我们可以用计算机进行数值的计算。

什么是数值的计算呢？小朋友，你有没有见过类似图1-1-3所示的计算器？它可以快速计算数字的加减乘除。计算机也可以实现这种功能，只要计算机中有“计算器”这个程序就可以了。

图1-1-3 计算器

以台式计算机为例，如图1-1-4所示，只要点击台式机屏幕左下角的“开始”按钮，我们就能看到所有安装在其中的应用程序了。我们可以在“附件”的目录下找到计算器程序，只要单击一下，就可以进入计算器的界面了，如图1-1-5所示。

同理，我们也可以在智能手机上找到计算器程序，如图1-1-6所示。

小朋友们，快去家里的台式计算机、笔记本电脑或者智能手机上找一下计算器程序吧，尝试一下，你是否可以用它来计算数字呢?

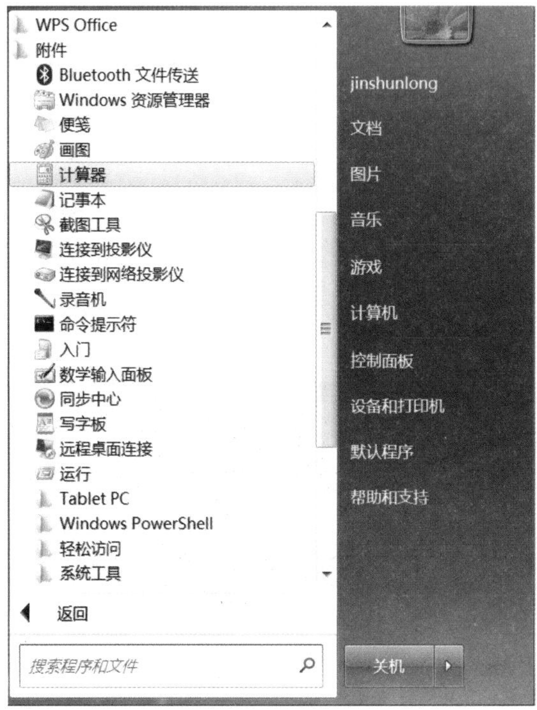

图1-1-4　找到台式计算机中的计算器程序

图1-1-5　台式计算机中的计算器程序

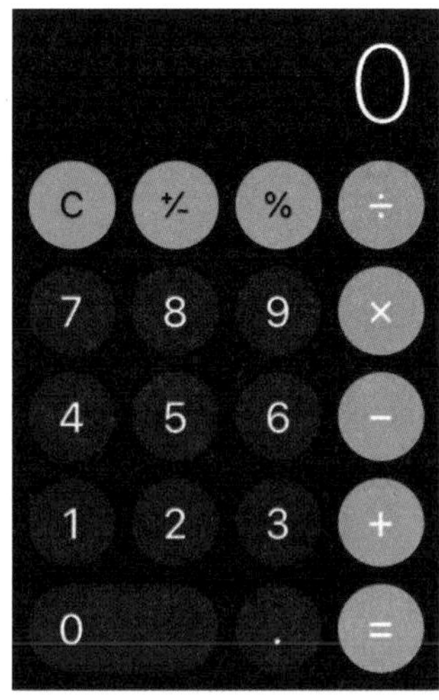

图1-1-6　智能手机中的计算器程序

上网 ●●●

下面，我们继续来聊聊通用计算机的第二个重要功能——上网。

上网就是上**互联网**。什么是互联网呢？顾名思义，就是把全世界计算机互相连接起来的网络。前面我们说过，计算机有各种各样的类别，除了一些我们在家中可以看到的以外，还有一些是我们平时看不到的，这些计算机分布在世界各地，默默地为我们提供着各种各样的服务，不过我们每天都可以通过网络访问它们。

下面，就让我们看看如何访问互联网吧。

上文说过，通用计算机就像一个平台，可以安装各种各样的应用，当然也包括访问互联网的应用。在台式计算机上，这个应用就是**浏览器**，我们常用的浏览器有Chrome、IE、Firefox等。请大家去台式计算机上找一下这些应用吧。

如图1-1-7所示，打开一个浏览器，我们就进入了浏览器的界面。在这里，我们可以访问世界各地的计算机。

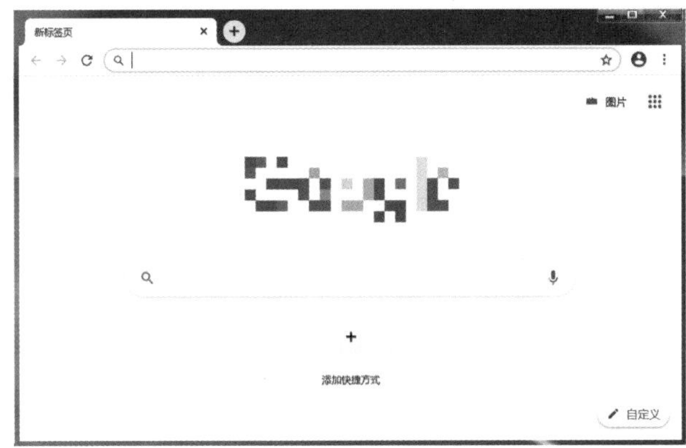

图1-1-7　浏览器界面

那么，这是怎样实现的呢？这就像我们寄东西一样，只有清楚地填写收货地址，快递员才能准确地把东西送到目的地，互联网也是如此。为了方便人们访问，我们访问的每一个网站都有一个**网址**，即网上的地址。我们把在网上提供服务的一台或多台计算机叫作一个**站点**，每个站点都会有一个或多个网址，而每个网址只对应一个网站，就像我们的住址一样，每个网址在世界上都是独一无二的。

世界上有那么多的站点，对应的网址数量是极其庞大的。这么多的网址，没有人能够记得清楚。因此，就有人做了这样的服务：把世界上所有的网址以及这个网址提供的内容都记录下来，供人们查询。提供这类服务的站点就叫**搜索引擎**。在国内我们常用的搜索引擎就是百度，它的网址是www.baidu.com。

我们在浏览器的地址栏中输入网址，敲击键盘上的“Enter”按键（即回车键）就可以访问这个网址了。在百度中，我们可以查询全世界的网站。

下面，我们来做一个有趣的游戏。大家想不想知道世界上到底有没有人跟我们重名呢？搜索引擎就可以帮助我们。以我的名字“靳顺隆”为例，打开百度网站，输入“靳顺隆”，点击搜索按钮，如图1-1-8所示，我们就可以看到，搜索引擎帮我们找到了网上所有有关这个名字的信息。小朋友们，快去试试吧！

当然，通过使用搜索引擎，我们还可以做很多的事情。凡是我们感兴趣的人、事、物等，都可以试着“问问”它，它会帮我们把相关的信息都找出来。是不是很神奇？当然，这背后有无数的计算机在支持，而且这个规模还在继续扩大。这些默默无闻的计算机是怎么为我们服务的呢？我们后面会说到哦。

图1-1-8　在百度中搜索姓名

办公

下面，我们接着说通用计算机的第三个用途——办公。

小朋友们，爸爸妈妈每天都去上班，你们有没有好奇他们每天都在做什么呢？计算机是办公的常用工具。下面，我们就来看一看，到底该怎么用计算机来办公。

正如前面所说，对通用计算机来说，它们是通过安装各种不同的软件来获得不同功能的。我们要办公，当然就需要安装办公相关的软件。下面，我们来聊一聊常用的办公软件——Microsoft Office。

还是以台式计算机为例，我们点击桌面左下角的开始按钮，来找找Word、Excel、PowerPoint、Outlook和Note这几个软件的图标。大家可能不知道这些英文单词代表什么意思，其实我们也没必要记住这些单词，只需要记得这几个图标就可以。计算机是为我们服务的，我们只需要按照我们的想法使用就好。小朋友们，快去找到这几个应用吧。

下面，我们选择其中三种最常用的办公软件来说一说。

第一个是Word，这是一个文档程序。小朋友有没有写过作文呢？平时我们写作文都是在纸上手写，有了计算机，我们就可以用Word软件来写了，还可以在里面插入各种图和表格。爸爸妈妈在工作的时候，也会需要写一些文字，其实跟我们写作文一样，而且他们还需要跟其他同事分享，那么用计算机来操做就很方便了，写完之后，可以通过前文提到的网络传递给其他人。

如图1-1-9所示，本书也是用Word编写的。小朋友们，在计算机中找到Word图标，尝试使用一下吧。

图1-1-9 Word界面

我们再来看看第二个办公软件——Excel，也就是制作表格的软件。

小朋友，去计算机中找到Excel图标，点击进入这个表格软件吧。表格软件能帮我们做什么呢？我们日常的各种记录都可以用表格来完成。举个例子：我们可以把春节收到的压岁钱做一个记录，记下哪一天收到了谁的钱以及收了多少钱，并且可以统计一下我们整个春节期间总计收到了多少钱。

如图1-1-10所示，大家可以多多练习，看看能不能自己整理出来呢？

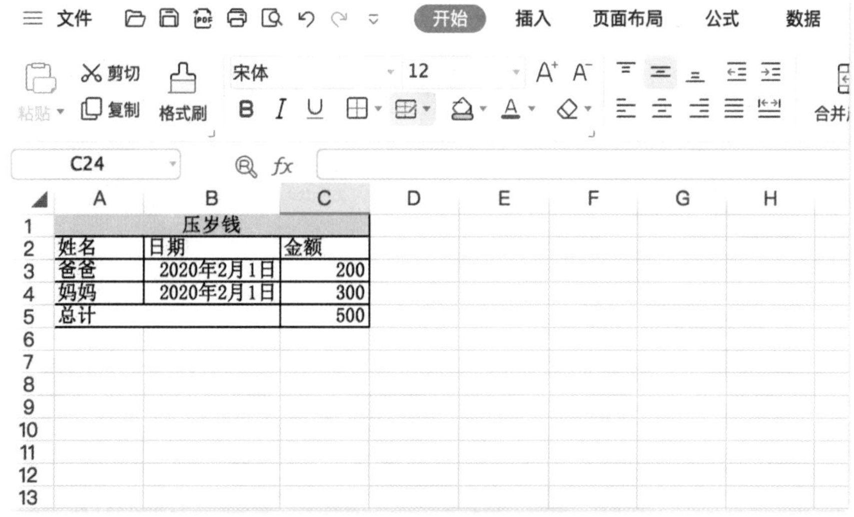

图1-1-10　压岁钱表格

最后一个要介绍的软件是PowerPoint，也就是演示文稿，又叫幻灯片。

顾名思义，这是用来演示文件并进行说明的软件。当我们给别人介绍一件复杂的事情时，如果只是口述，很难解释清楚，而演示文稿可以利用图片、表格、文字等，让大家一目了然，方便沟通，这就是它的重要性。

我们再来做一个练习吧。小朋友们，你们有没有做过手抄报呢？其实在演示文稿这个软件里也可以做手抄报，我们可以按照自己的心意来对文字和图片进行排版，力求让手抄报在电脑上进行呈现，如图1-1-11所示。

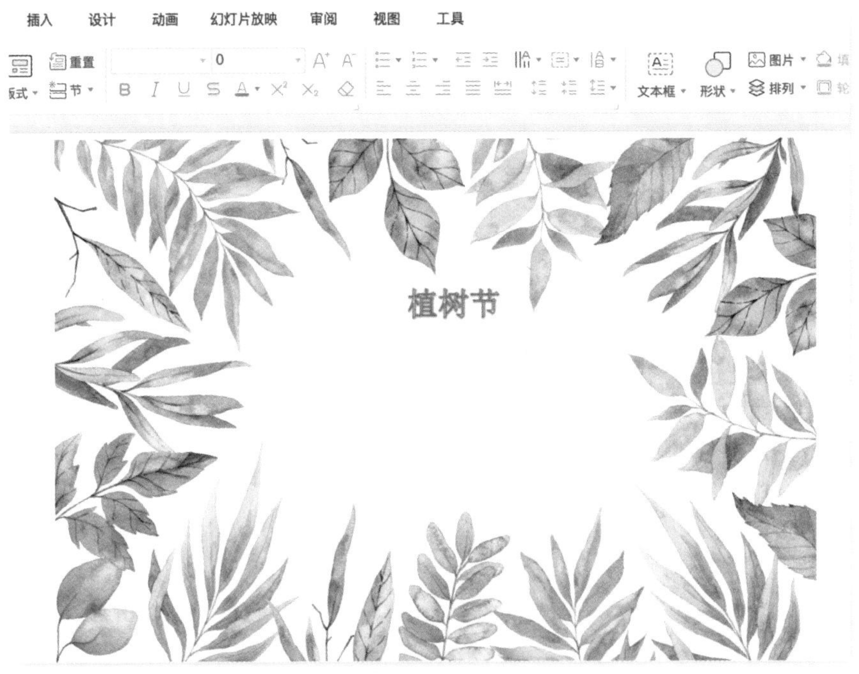

图1-1-11　用演示文稿做手抄报

我在上文只是非常简略地给大家描述了计算机在办公方面能帮我们做的事情。希望小朋友们不要担心不会使用计算机，多多动手去操作、探索就会了。你跟它交流得多了，还会发现它是一个有趣的朋友。

娱乐和学习

我们继续来聊一下计算机的第四类用途——娱乐和学习。为什么要把娱乐和学习放在一起说呢？这是因为我期望小朋友们可以善用计算机，不沉迷于玩乐，同时也学会劳逸结合。

我们首先要找到能供我们娱乐和学习的应用，只有安装上这些应用，我们才能使用它们。那计算机上有这么多应用，有没有一个地方可以让我们查询到它们呢？

实际上是有的。如果使用台式计算机，我们可以用前文提到的搜索网站，在搜索框中输入自己想要使用的软件名称，比如我们想听音乐，就搜索“音乐”两个字，如图1-1-12所示，下面就会出现我们可以用的音乐软件或网站。小朋友们，快去试试吧！

图1-1-12　在搜索引擎中搜索“音乐”

如果我们使用的是智能手机，那就在手机上找到“应用市场”或“App Store”应用。以iPhone为例，其中用来管理应用的App叫App Store，翻译过来就是“应用市场”的意思。为什么叫它“应用市场”呢？顾名思义，这里面有很多我们想要使用的应用，只要搜索、下载并安装就能使用了。

我们还是以音乐为例。打开App Store，搜索“音乐”，就可以看到与音乐相关的应用了。搜索学习软件也是如此。

这里需要提醒各位小朋友，有一些应用的下载是收费的，大家在安装和购买的时候，要跟大人们一起操作哦，或者大家在搜索的时候，加上“免费”两个字，就可以找到不需要付费的应用了。

下面给大家布置一个小任务：去找一首自己最喜欢的歌曲，播放给爸爸妈妈听吧。

第 2 节　计算机大家庭

在前一节中，我们聊了计算机都能帮我们做些什么。相信大家已经对计算机，尤其是通用计算机有了一个初步的了解。

那么为什么计算机对我们来说如此重要呢？就因为它能帮我们做各种各样的事情吗？也不尽然，它拥有人类没有的优点。下面，我们就来详细聊聊这个话题。

首先，计算机是一个几乎不会出错的机器，任何时候，我们只要打开电源，就可以跟它交流，它会忠实地记录我们做过的所有事情，帮我们存储下所需的各种文档。它永远不知疲倦，永远给我们一种可靠的感觉，这是人类很难做到的。

其次，计算机不是孤身作战，它可以通过跟互联网连接变得更加强大。上节我们聊过，全世界的计算机会通过网络连接在一起。虽然我们只是在家中操作自己的计算机，但是，它的背后是全世界的计算机大家庭，也就是互联网在支撑。有一些复杂的任务，单独一台计算机可能无法完成，但它可以通过网络寻求更多计算机的帮助。

同时，互联网不光把全世界的计算机关联了起来，也把使用它的人们关联了起来，比如我们可以通过微信跟远方的亲人进行视频交流，我们也可以通过网上商城购买各种商品……是互联网把我们跟家人、商家关联在了一起。互联网因此成为计算机和用户共同的网络。

那么，计算机是如何连接到互联网上的呢？大家可以在家中找一下如图1-2-1所示的东西，它就是**网线**。计算机就是通过它连接到互联网上的。

图1-2-1　网线

那么我们该如何访问互联网呢？除了上节提到的浏览器之外，现在很多应用都可以访问互联网。比如通过手机上的音乐应用，我们可以搜索任何一首自己想听的音乐，这背后就是音乐应用通过互联网连接到远方的计算机上，远方的计算机同时也在为我们提供服务。

试想，全世界有那么多歌曲，我们的计算机是不可能把它们全部存储下来的。当我们想听某首歌曲时，只需要从互联网上下载它。这些计算机上的应用通过网络，为我们提供各种各样的服务，这就是互联网的力量，这也是计算机大家庭的力量。

所以，计算机是我们重要的朋友，它极少出错，永远给我们可靠的感觉，还帮助我们做各种各样的事情。同时，计算机的大家族也在不断壮大，它们的能力越来越大，我们的生活也越来越离不开计算机。

除此之外，这位朋友还会变得越来越聪明，因为他也会学习哦。下一节，我们就来聊一下会学习的计算机。

第 3 节　有“智慧”的计算机

本节我们继续介绍计算机的最后一个特点：计算机正变得越来越聪明，它是会学习的，它也是有“智慧”的。

比如我们前面聊过的搜索引擎，大家只要在搜索框里输入想要了解的信息，搜索引擎就可以分析我们输入的文字，理解我们的意图，并给出尽可能匹配的答案。

搜索引擎为什么会懂得这么多知识呢？当然，它不可能只依靠自己的力量就搜罗到全世界的信息，它依靠的还是互联网，互联网连接着全世界的计算机以及人类的智慧。

计算机的智慧还表现在学习上。不知道大家有没有听说过“人工智能”“机器学习”“智能机器人”这些词？顾名思义，这些词里都含有“智慧”的意思，也就是说计算机已经不仅仅能按照大家的指令来做事，同时还拥有一定的智慧，可以自我学习或者给自己下达指令了。这样的智慧体现在各个方面。

第一，计算机越来越“懂”我们。比如，我们在手机上听音乐、看新闻、购买商品，甚至玩游戏的时候，手机的应用都会根据我们过往的记录，为我们推荐一些我们可能喜欢的音乐、新闻、商品、游戏等。计算机在越来越多地收集、分析我们过往行为的历史记录，对我们的了解也越来越多，并更加主动地为我们服务。

第二，计算机的智慧还体现在各个领域的学习能力上，比如下棋。你知道吗？现在计算机已经可以在围棋上胜过人类了。它是怎么做到的呢？先看看我们人类的围棋高手是怎么训练的吧：一名棋手往往需要从小就开始训练，拜名师学艺，研究各种棋谱，参加诸多比赛，长时间、深入地练习，往往要经过数十年的磨炼，才能真正成为一名围棋高手。

实际上，计算机也是如此，只是它的学习速度太快了，它直接把人类历史上所有的棋谱都记下来，然后分析其中的规律，形成自己的下棋套路。它还可以自己跟自己对弈，在对战中学习和掌握实战技巧。计算机学习的速度实在比人快太多了，水平超越人类也是自然。

再比如生产和制造领域。我们大家常在电商平台上购买商品，当商家接到这些订单后，就开始为我们寄送货物。每天有大量的商品需要从堆积如山的仓库中被找出来、打包然后运送到我们手中。这个工作量对商家来说是巨大的，这时候机器人中的计算机就派上了用场，它可以了解仓库中的走动路线，以及各个商品在货架上的摆放位置，然后根据每个订单，自动去寻找商品，这就可以大大减少我们人类的工作量。如图1-3-1所示，就是这些默默无闻的机器人给了我们更好的购物体验。

再比如汽车的制造领域。一台汽车由上万个零件组成，我们可以想象组装一台汽车是件多么复杂的事情，而且，一旦中间出现错误，就有可能会影响汽车的质量，甚至会造成事故。所以，人们很早就开始借助机器人来帮助我们制造汽车。如图1-3-2所示，目前机器人已经替代了大部分汽车工人的工作，工厂得以真正实现无人化。

图1-3-1　仓储机器人

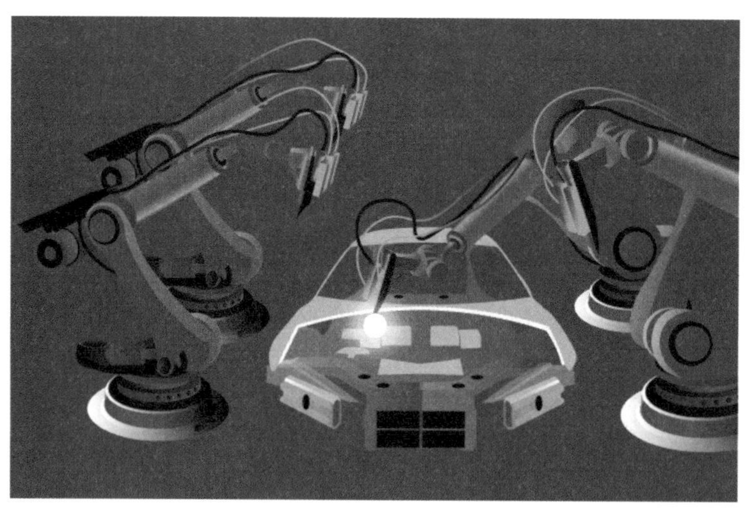

图1-3-2　汽车制造机器人

再比如自动驾驶，也许有一天我们可以坐在无人驾驶的车上呢

（如图1-3-3所示）。计算机可以通过学习从道路上收集的各种数据、交通法规以及应急处理方法等，实现自动驾驶。但自动驾驶的车辆需要经过严格测试才可以使用，现在技术还不够成熟，只在几个城市安排了试点。

图1-3-3　自动驾驶示意图

通过上文的介绍，你是不是发现计算机的能力太强大了？我们可不能小看这个朋友，它们还有太多不为人知的地方值得我们去探索。它们是怎么做到的呢？下一章，我们就来深入地了解计算机内部的结构吧。

第 2 章
了解计算机这个朋友

在第1章，我们了解了计算机的许多功能。计算机是如何做这么多事情的呢？要想明白其中的道理，我们就需要深入了解这位朋友。从本章开始，我们就来聊聊计算机是由哪些部分构成的，各个部分又是怎样通过密切的协作完成各种任务的。

我们人类的身体也是由不同的部位组成的，简单来说可分为五官、大脑、四肢、内脏和躯干等，每个部位对我们来说都至关重要。那么，这五个部位是怎么构成我们身体的呢？

首先是五官——耳、目、口、鼻、舌，我们对世界的了解都源自它们，比如眼睛的视觉让我们看见世界的色彩和形状，鼻子的嗅觉让我们闻到万物的气味，口舌的味觉让我们尝到各色味道……

其次是大脑。大脑将通过感官获得的信息进行加工和分析，让我们对外界做出反应。我们的大脑还会从过往的经历中积累对未来有用的经验和知识。随着我们慢慢长大，我们的人生阅历和经验也就越来越多。

然后我们来说说四肢。四肢让我们可以拿东西、随便走动等，它大大扩大了我们的活动范围，也扩大了我们的视野。灵巧的双手更是可以制作各种精巧的工具，工具又彻底改变了我们的生活。计算机就是利用人类的聪明才智制造的。可以说，四肢给了我们改造世界的能力。

再来说说内脏。我们身体的各个部位要想运作起来，都需要能量，所以我们要喝水、吃饭、呼吸。我们的胃肠把水和食物分解为养料，然后输送到身体里；我们的肺从空气中吸收氧气。它们都是我们内脏的一部分，为我们身体的正常运转提供能量。

最后来说说躯干。躯干将我们身体的各个部位连接在一起，让大家可以“协同作战”。一方面，它把我们身体感受到的信息传递给大脑；另一方面，也把大脑做出的决定传达给身体的各个部位，让它们可以及时做出反应。同时，躯干还把内脏获取的各种养料输送给各个部位。躯干就像一个温暖的家，把人体的各个部分聚在一起。

你看，虽然身体的各个部位分工不同，但它们是一个有机的整体，大家各司其职，共同使我们的身体运转起来。

计算机也有类似的结构。

虽然，计算机大家庭里有很多的成员，每种计算机的构造都不同，但是它们基本的构造是一样的。就像我们人类有不同的种族，在肤色、体型等各个方面存在差异，但是我们身体的构成都是一样的。

我们来直观感受下计算机的各个组成部分吧。以我们最常用、体形较大的台式计算机为例，如图1-1-1所示。首先我们看到的是用于呈现画面的显示器，在显示器下方还有键盘和鼠标，这三个部分就相当于计算机的五官和四肢，它们负责让计算机跟我们进行交流。

那么，计算机的大脑、内脏和躯干呢？别着急，它们都在一个黑色的箱子里面，这个箱子叫作机箱。

这个黑箱子里到底有什么呢？下面，我们就来一场探秘之旅吧！

第 1 节　计算机的“大脑”——CPU

首先，我们来介绍一下计算机最重要的部位，它的“大脑”——**中央处理器（Central Processing Unit，简称CPU）**。

简单来说，CPU就是处理所有运算的核心部件，也叫芯片。所有的计算机中都有CPU。

我们举个例子，第1章中我们提到过，计算器程序可以帮助我们计算数字，只要我们输入数字和运算符号，计算机就能马上给出答案。计算机是如何做到的呢？秘密就在CPU里面——计算机把数字和运算符号传递给CPU，CPU进行计算，然后再把结果告诉我们。

当然，CPU不仅仅能计算数字，它还可以做很多逻辑运算。可以说，计算机能完成的所有事情，都是靠CPU协调计算机的其他部分来完成的。

CPU这么强大，它到底在哪里呢？下面，我们就来找找看。

我们还是以台式计算机为例，如图1-0-1所示，右侧黑色的箱子就是台式计算机的机箱，CPU就在这个机箱里面。我们拆开来看，如图2-1-1所示，有风扇的地方就是CPU了。

图2-1-1 机箱内部

在CPU外部，有一个风扇形状的罩子，没错，那就是风扇。

这里需要给小朋友们特别说明一下。计算机的各个部件都很精密、脆弱，我们要好好保护它，在对计算机没有深入了解之前，千万不要自己动手拆卸它们，否则很容易造成不可挽回的损害。

机箱里的风扇

为什么CPU边上需要配置风扇呢？因为CPU是通过电来工作的，台式机的CPU只有手掌心那么大，但是上面有上亿个晶体管构成的集成电路，这么多电路一起工作，就会产生大量的热量，如果没有风扇，温度过高，那么CPU就会因此受到损害。

我们上边说的都是台式计算机，其他计算机也是类似的。

我们再来看看手机中的CPU。如图2-1-2所示，打开手机的外壳，我们就可以看到手机的电路板，CPU就嵌在里面。当然，不同型号的手机，CPU的位置和大小都不一样，我们可以对比一下台式计算机和手机的CPU。

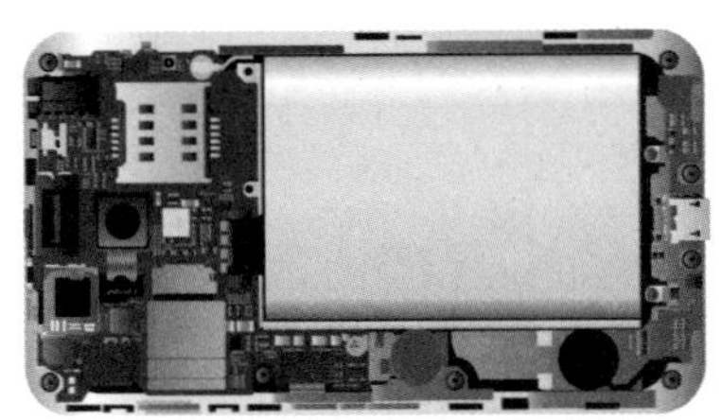

图2-1-2　手机内部

从外观来看，两者最大的不同就是尺寸的大小。为什么会有这样的不同呢？这其实跟应用场景的不同有关系。

台式计算机一般都摆放在桌面上，可以放置的空间比较大，因此能容纳体积较大的CPU；CPU体积大，耗电就多，产生的热量也多，而台式计算机可以在CPU上面加置风扇，这样可以更好地散热；同时，台式计算机一般不会来回搬动，可以使用比较稳定的电源。所以，台式计算机的大小和耗电都没有特别的限制，我们可以在CPU里放置更多的晶体管线路，以追求更快的运算速度。

再来看看手机里的CPU。因为我们一般都是在移动的环境下使用手机的，手机使用的场景也比较复杂，没有稳定的电源，只能靠电池来供电；手机空间太小，也就没有办法安装风扇。所以，手机的CPU尺寸不能太大，耗电也不能太高。这就注定了CPU要设计得尽量小、尽量省电，所以，手机CPU的性能也是有限的。

那么，CPU内部又是由什么构成的呢？怎么比较不同的CPU呢？

CPU的真面目——硅

如图2-1-3所示，台式计算机的CPU就是一个长满了针脚的卡片，大概有手掌心大小。下面，让我们继续走近CPU，探索它外表之下的故事。

图2-1-3　CPU

如果我们拆开CPU外部这层塑料或者陶瓷的卡片，就能看到CPU的真面目——硅。要在这么小的物体上雕刻出上亿个晶体管电路，只有硅这样的材料才能满足硬度和导电性的要求。最重要的是，硅在地球上非常容易获得。

硅

说到这里，大家是不是好奇硅到底是什么呢？

硅是一种类金属材料，而且在地球上到处都是。沙子的主要成分就是硅，只不过沙子里有太多其他元素，无法直接使用，所以需要先提纯。

怎么在这么小的硅片上雕刻出这么多晶体管呢？这里的技术含量确实非常高，尤其是对精度的要求达到了纳米（纳米是长度单位，1米等于10亿纳米）的级别，拿我们的头发来说，一根头发丝的直径大概有几万纳米，而制作CPU需要在硅片上雕刻出万分之一头发丝粗细的电路，可想而知CPU的生产工艺有多复杂。

英特尔

“英特尔”就是CPU上常出现的“intel”标志所代表的公司，它是台式计算机和笔记本电脑CPU的主要生产厂商。

采用了英特尔CPU的电脑都会在外部包装上有明显的“intel”标志，小朋友看看自己家的电脑上有没有这个标志吧。

随着手机等各种移动计算机的普及，人们对CPU的尺寸需求越来越小，性能需求却越来越高。在CPU制造行业有一个有趣的定律：CPU上集成电路的数量每隔18—24个月就会增加一倍，性能也将提升一倍。这就是英特尔联合创始人戈登·摩尔（Gordon Moore）提出的**“摩尔定律”**。

那么，CPU的生产会不会一直遵循摩尔定律呢？显然是不会的，因为它还受到物理因素的限制。

我们对任何物质进行分割，总会分割到一定程度就不能再分割了，这个不能再被分割的部分叫原子。虽然大千世界的物质千姿百态，但万事万物都是由原子构成的，包括我们的身体。这就是大自然的神奇所在。

原子的大小就是摩尔定律的极限。原子的直径大概只有0.1纳米，目前CPU的生产精度已经逼近这个极限了。

那怎样才能突破CPU的极限呢？其实，业内已经在进行各种尝试，一种方式是找到比硅更好的材质；另一种方式是彻底改变目前晶体管电路的架构，找到更省资源、更高效的模拟计算方式。

这里我们需要解释一下，晶体管电路这种模拟计算的方式，其实并没有大家想象的那么神秘，它是没有意识的，比如当我们让计算机进行数学运算时，它其实并不知道自己在“算数”，它只是按照人类的命令进行固定的操作而已，它也并不清楚运算的意义，是人类赋予了计算机运算的意义。

举个例子，我们想象一下在桌子上有一堆大米，我们想数一下这堆大米的数量是不是成对的。我们可以借助家里的电灯来完成——数到第一颗的时候，就打开灯，再数到一颗，就关掉灯，以此类推。当我们把米粒都数完以后，如果灯还亮着，就说明大米粒的数量不是成对的，反之，就是成对的。这里电灯的开和关本身没有意义，是我们人类用它来代表数量是否成对，用这种方式来模拟计算。

再举个例子，如图2-1-4所示，算盘其实也可以被看作一种计算机，算盘的口诀就是一种模拟计算的方式，我们只需要按照口诀进行操作，算盘就能帮我们算出想要的结果，但是，算盘本身是不知道自己在做什么的，是我们人类赋予了它意义。

图2-1-4　算盘

晶体管电路也是如此。我们将电流在不同线路经过后的表现来代表不同的含义，只不过它比算盘更复杂、更精密而已。如果我们能找到更好的模拟计算的方式，就可以突破目前CPU的性能极限。晶体管具体是怎样模拟计算的，我们会在后面的章节讲解哦。

当然，除了继续挖掘单个CPU的潜力以外，我们还有另外一种方式来打破极限，那就是让多个CPU协同作战，"三个臭皮匠，赛过诸葛亮"，人多力量大。我们甚至还可以在一个CPU内部做出多个"核"等。

给CPU做个体检

在上节，我们了解了CPU的结构和材料。这么多大大小小、不同用途的CPU，虽然材质一样，差异却是巨大的。就像我们人类，虽然是同一物种，但大家的身高、体重等都有所差异。下面，我们就来给CPU做个"体检"，看看CPU之间的不同吧。

怎么给CPU做体检呢？在哪里可以看到CPU的信息呢？又到实际操作的环节了，小朋友们，请跟着下面的步骤去实际操作一下吧。

我们以台式计算机或者笔记本电脑为例。首先，在计算机的屏幕上找到“计算机”图标；然后，在图标上单击鼠标右键，就会弹出如图2-1-5所示的菜单；接着，点击“属性”，就会看到如图2-1-6所示的界面。

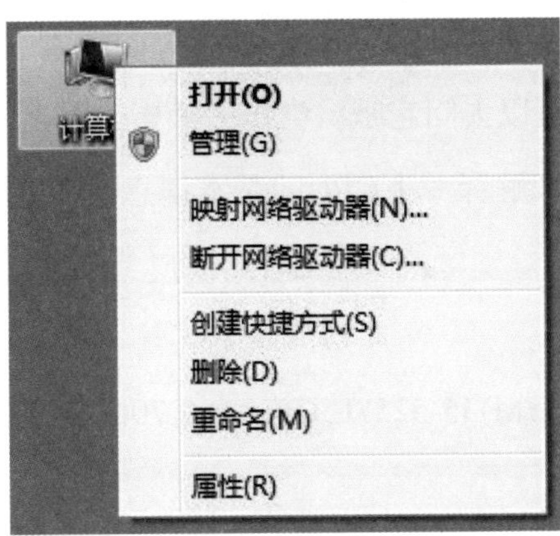

图2-1-5　在“计算机”图标上单击右键

图2-1-6　查看电脑属性

在这个界面上，我们就可以看到这台计算机的基本信息了。图2-1-6中红色标记部分就是CPU的信息。

如果计算机的操作系统不同，那么这个操作步骤也会略有不同。不过没关系，你还记得我们曾经聊过的搜索引擎吗？任何不明白的事，我们都可以去问它哦。尝试去搜索一下自己寻找答案吧。

下面，我们来解释一下CPU的基本信息。图2-1-6中红色标记部分如下：

Intel(R) Core(TM) i5-5257U CPU @ 2.70GHz 2.70 GHz

首先，“Intel(R)”是个CPU的品牌，说明它是英特尔公司生产的；“R”是英文单词“Register”的缩写，代表“注册商标”的意思。

接下来，“Core(TM) i5-5257U CPU”代表了CPU的型号，其中“i5”是主版本型号。怎么理解主版本型号呢？举个例子，就像我们上学的年级——一年级、二年级等，不同的年级代表着不同的学习阶段，这样别人就可以通过年级直观地了解我们的很多信息，比如上过几年学、学过哪些课程、大概的知识体系等。同样的道理，我们通过主版本号就能了解CPU的很多信息，比如这是英特尔的第几代产品、性能的大概情况、特性等。

我们继续来看，“2.70GHz”代表什么意思呢？Hz是频率的单位，中文读作“赫兹”，意思就是1秒钟内进行周期性动作的次数，在这里就是指CPU在1秒内运算的次数。G是数量单位，就像我们说的“百”“千”“万”一样，1G等于1000000000，也就是10亿，

“2.70GHz”翻译过来，就是CPU每秒钟会计算27亿次。很显然，次数越多代表CPU的性能越强。

当然，我们上一篇也讲过，CPU是通过电流流过电路来模拟计算的，运算的频次越高，代表着电流流过的频次越高，发热就会越厉害，对制造的工艺要求也就越高。小朋友们，你有没有过这样的体验，当我们玩手机或平板电脑一段时间之后，手机或平板电脑的背面就会很热，这其实就是CPU一直在高速运转的缘故。

赫兹

赫兹其实是一个人名，他的全名叫海因里希·鲁道夫·赫兹（Heinrich Rudolf Hertz）。赫兹是一位了不起的德国科学家，他在1888年首先证实了电磁波的存在，并对电磁学做出了巨大贡献。为了纪念他，科学界将他的名字作为频率的国际单位制单位。

未来大家会遇到很多将人名作为单位的情况，这样的人，一般都是大名鼎鼎的科学家哦。

最后，又出现了一个“2.70 GHz”，这是什么意思呢？这代表这款CPU有两个“核”。这里的“核”我们可以理解为小的CPU。上节我们说过，CPU总会有性能的瓶颈，而突破瓶颈的办法之一就是把多个核组装到一个CPU上，这样所有核就可以同时进行计算，即所谓的“人多力量大”，这样的效率肯定会高过单个核。

那是不是核越多越好呢？理论上是这样的。但是，核越多，

CPU的制作工艺就越复杂。

现在，CPU的两个最核心的要素——频率和核数，我们都讲完了，它们一个代表1秒钟内计算的次数，一个代表有多少个核在并行计算。

理论上讲，频率越高、核数越多，CPU的性能越高。我们可以根据这两个指标来比较不同的CPU性能。以手机为例，我们经常听到某个手机是“几核”的，“核”前面的数字越大，就代表这个手机的性能越好。

当然，CPU的硬件条件再好，如果不能充分利用起来，整台计算机的运算效率也不会很高，这跟我们如何分配计算的任务有关系。比如我们要搬家，有10件物品需要搬运，如果5个人搬，需要搬两趟；而如果10个人来搬，那么一趟就够了，效率确实高很多；但是，如果20个人搬，也只需要一趟，效率和10个人一样。

同理，我们在使用计算机的时候，就是在向CPU下达任务。还是以台式计算机为例，有时我们会打开很多应用程序，比如前几篇提到的计算器、办公软件、浏览器等，分配这些任务的方式，会影响计算机的最终效率。在这里我们先卖一个关子，在第3章我们还会继续聊这个话题。

小朋友们，动手时间到了。请大家去搜索引擎，搜索一下“i5”，了解这款CPU的更多信息吧。

透视CPU内部的逻辑结构

在上两节中，我们聊了CPU的材质以及衡量其性能的指标。那么，CPU到底怎么实现的计算呢？下面，我们就来聊聊CPU的内部逻辑结构。

什么叫逻辑结构呢？这个词是跟物理结构相对应的。物理结构包括CPU的材质、形状以及内部元器件和电路的样子，而逻辑结构则描述了CPU在功能层面分为哪些单元、每一个单元都对应什么功能、不同的单元又是如何协作完成整个运算的。

我们仍以数值计算为例，看看CPU是怎么完成这个任务的。比如我们想要通过台式计算机中的计算器程序计算1+1+1+1，就要依次输入数字和符号，但实际上CPU是没法直接理解我们的操作的，是计算器程序将我们的各种操作转换成了CPU能够识别的形式，这个形式就叫**指令**。编写计算器程序的过程叫作**编程**，编写程序的人被称为**工程师**，工程师其实就是我们跟计算机之间的翻译，他们通过编写各种应用程序，在我们跟计算机之间搭建起沟通的桥梁。后面我们还会继续了解这个过程哦。

通过计算器程序的转换，“1+1+1+1”就被分解成类似于“(((1+1)+1)+1)”这样的加法指令。CPU有一个单元，叫**控制单元**，专门接收这些指令，并且控制这些指令的执行。

CPU接收到“(((1+1)+1)+1)”这条指令后，就要进行实际的运算了，这个实际进行计算的单元就叫**运算单元**。

运算单元每计算完一次加法，都会得到一个中间的结果，比如计算“(((1+1)+1)+1)”时，先算最中间的括号(1+1)，得到2，那么，CPU就得把2记录下来，用于下一次的计算。这个记录数据的单元就是CPU的**存储单元**。

总结起来，CPU由三个逻辑单元构成，分别是控制单元、运算单元和存储单元。如图2-1-7所示，控制单元接收外界的指令，然后根据指令，控制运算单元和存储单元进行数据的运算和存储。

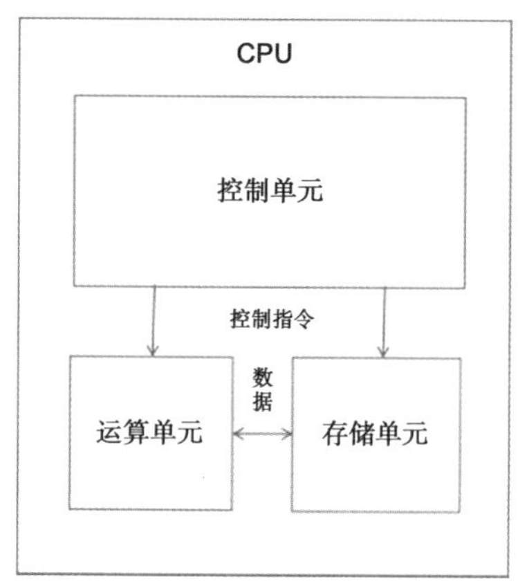

图2-1-7　CPU逻辑结构图

我们知道，计算机上有很多应用程序，这么多应用程序都要给CPU发送指令，要执行的任务不一样，指令也就不一样。那么，CPU得设计多少种类型的指令才能满足需求呢？实际上，业内有两种指令类型的设计方式，一种叫**复杂指令集计算机（Complex Instruction Set Computer，简称CISC）**架构，另一种叫**精简指令集计算机（Reduced Instruction Set Computer，简称RISC）**架构。

大家先别被复杂的名称吓到，听我慢慢解释。打个比方，把我们对计算机的各种操作翻译成CPU能懂的指令，CPU再完成指令的过程，就像用不同形状的积木来搭玩具，一种形状的积木就是一种指令，最终搭成的玩具就是计算机要完成的操作。要搭建的玩具不同，需要的积木种类就不同，到底需要多少种积木才能满足需求呢？这个所需积木的种类就是指令集。

那么，积木的设计就有两种思路。

一种是把积木做得足够小、足够通用，如图2-1-8所示，积木的种类虽少，但无论你要搭建什么，都可以完成。这就是RISC架构的原理。因为指令种类少，所以这些指令的集合叫作精简指令集。

图2-1-8 通用积木

这种方式的优点就是指令集简单，CPU的制作也简单，CPU可以被做得足够小巧。而且，因为每次执行的指令比较小，所以执行效率就比较高。当然，它也有缺点，那就是每次搭建一个玩具所需的步骤比较多，搭建起来比较麻烦。对应到CPU上来说，就是每次将用户的操作翻译成指令和执行指令的过程都比较麻烦。

另一种设计思路就是把积木做得比较大，如图2-1-9所示，我们针对要搭建的目标来设计积木。这样设计的好处是搭建的时候比较简单，只需要拼接几下就可以完成任务，对应到CPU来说就是，将用户的操作翻译成CPU能懂的指令和执行指令的过程，这样运行起来比较简单。这就是CISC架构的原理。

图2-1-9　个性积木

但是，这种方式的缺点是，因为要搭建的目标实在太多，所以需要的积木种类就比较多。对应到CPU上，就是指令的种类比较多，所以这些指令的集合叫作复杂指令集。要支持这么多复杂的指令，CPU的制作难度就很高，执行单个指令的效率也比较低。

在实际的计算机设计中，这两种方式都被普遍采用了。比如CISC架构，就被英特尔公司用在了台式计算机的CPU中；而RISC架构，则在我们的手机以及其他移动设备中被普遍采用，其中英国ARM公司的产品在这类CPU中占主流。

为什么两类指令集架构分别被用在了两类不同的计算机上呢？小朋友们可以开动脑筋想一想。

本章我们讲的东西有点难度，下面我们来总结一下：

CPU在逻辑上由3个单元构成，分别是接受指令的控制单元、实际进行计算的运算单元和存储计算数据的存储单元。我们在各种应用程序中进行的各种操作，最终都会被翻译成CPU能够执行的指令。要支持这么多复杂的操作，CPU中要预先设计好指令集。指令集的设计有两种思路，一种是精简指令集，另一种是复杂指令集。这两种指令集各有优缺点，分别适合不同的设备。

第 2 节　计算机的“记忆力”——存储

上节我们聊了CPU的内部结构。CPU就像我们的大脑，每天都需要对各种各样的事情进行思考和判断，我们判断的依据就是过往的经验和来自外部的新信息，这就需要有记忆力。同理，计算机要处理那么多事情，也需要“记忆力”，而且，只依靠CPU内部的存储单元是远远不够的。那么，该怎么解决这个问题呢？

先来看看我们人类是如何应对海量信息的。我们人类的大脑并不能把所有信息都记录下来，如果被问到几个月前的事情，我们也需要好好想一想，有时候还可能想不起来。越近的事情，我们的记忆就越清晰，时间越久，记忆就越模糊，甚至还会遗忘，这就是我们大脑应对海量信息的方式。

计算机也在用类似的方式来解决存储的问题。

存储“五人组”之一——CPU内的存储单元

首先，我们要保障CPU当前计算所需的数据，一定要存储在

CPU非常容易获得的地方，这个地方就是CPU内的存储单元。

但是，它毕竟在CPU的内部，CPU的制作对工艺要求极其苛刻，成本也高，我们不可能为存储单元留出足够的空间，所以，一定要有其他存储设备来配合才行。

这类配合存储的设备不止一种，下面，我们分别介绍一下。

存储“五人组”之二——内存

首先，我们来说说内存。如图2-2-1所示，这是台式计算机常用的内存，因为呈条形，所以也叫“内存条”。所有的计算机都有内存条，只不过样子可能略有不同。内存条具体的位置在哪里呢？它就在台式计算机的机箱里，如图2-2-2所示。

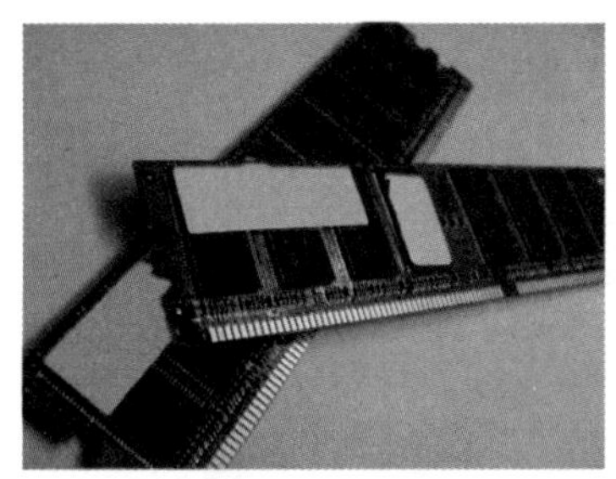

图2-2-1 内存

我们仔细观察一下内存条，它跟CPU是不是有点像？边缘黄色的部分就是内存条的针脚，针脚可以插入卡槽里，用于跟计算机的其他部件交换信息；在内存条上，一块块并排的长方形黑块就是一个个存储单元，就像CPU一样，内存的存储单元里面集成了大量的晶体管和元器件，数据就被存储在这里面。

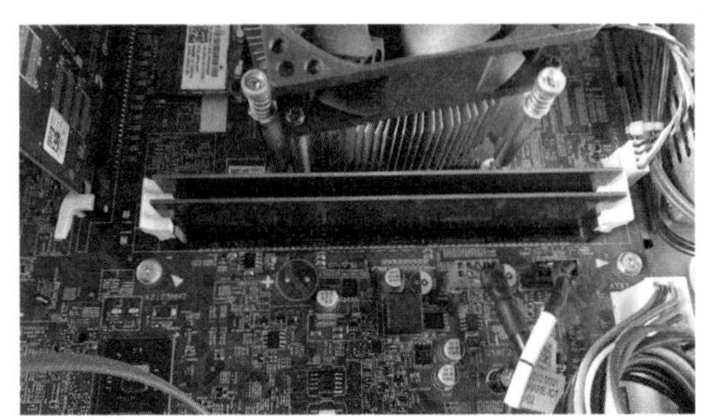

图2-2-2　机箱内部

那么，内存是怎么存储和读取数据的呢？我们存储起来的数据，下次该怎么找呢？

内存就好比一个社区。一个社区里居住着成千上万个家庭，每个家庭都有一个唯一的住址，比如什么小区、几号楼、几单元、几室。小朋友，你知道你们家的详细住址吗？

同样，我们也会给内存里的每个存储单元分配一个唯一的地址，当我们将数据存储到里面时，就得到了这个数据的地址，下次，只要我们找到这个地址，就能取出其中的数据了。

当然，给存储单元分配地址可没有那么简单。

内存的学名叫**RAM（随机存取存储器，random access memory）**，为什么会有“随机”两个字呢？这是因为计算机会提前给内存中的各个存储单元分配地址，每个地址都可以任意进行数据的存取，所有的数据并不一定被存储在一起，而是随机分散开来的，这种方式就叫作**随机存取**。

随机存取当然有它的优点：我们只要有地址就可以随时在这个地址上读写数据，所以速度很快。但是，因为数据是分散开的，所以对存储空间的利用率就不高。

举个例子，如图2-2-3所示，我们拿格子来表示内存条。第一行，我们先把内存拆分成10个格子，分别用数字1—10作为地址。

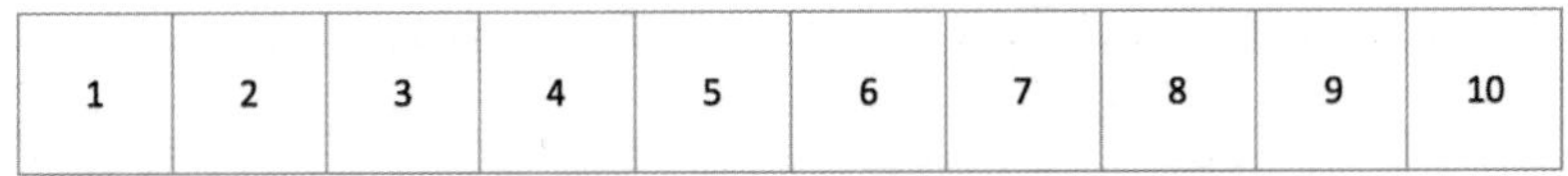

图2-2-3　随机存取（1）

首先，如图2-2-4所示，我们在1和2内存入蓝色的数据，这个数据占据了两个格子。

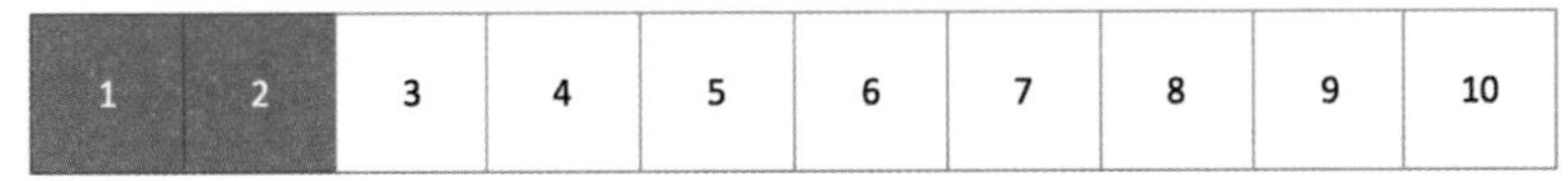

图2-2-4　随机存取（2）

然后，如图2-2-5所示，我们随机存入黄色的数据，它分别占据了6、7、8这三个格子。这时，只有3、4、5、9、10是空着的。如果我们此时有新的数据要存入，但是它要占用四个格子，即图中灰色的部分，那么我们就没有办法继续存入了。

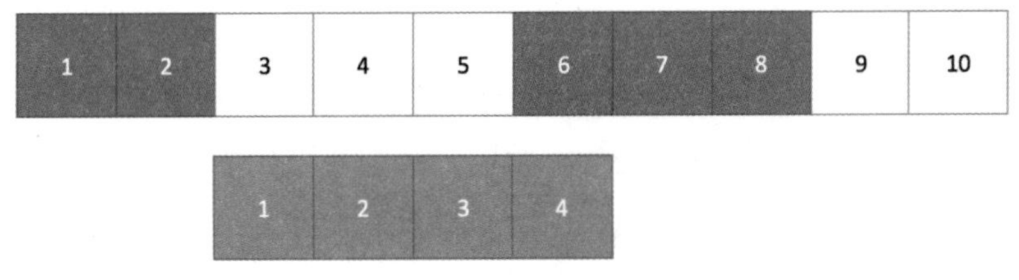

图2-2-5　随机存取（3）

虽然从整体来看，整个内存有超过四个格子的剩余空间，但因为数据是随机存储的，所以就没有足够的连续空间放置新数据了。

所以，内存的地址分配需要有一定的策略。我们先卖个关子，到第3章再详细聊一聊。

下面我们来看看内存是怎么跟CPU存储单元配合使用的。内存虽然跟CPU一样，都通过集成电路和元器件来实现数据的存取，但是，因为内存条只有存储的功能，所以它的制造难度就比CPU低了很多，价格也更便宜，但它是CPU存储单元的有力补充。

CPU当前计算所需的数据，当然还是需要放到CPU存储单元中。但是，存储单元的空间是有限的，当数据存储不下时，就可以先存放到内存中，然后将内存的存储地址放到CPU存储单元中，当需要读取数据的时候，再根据地址将数据从内存中取出。这样，内存和存储单元两相配合，就扩展了计算机的存储能力。

当然，这种配合是有代价的。毕竟内存是外部设备，不在CPU内部，CPU用内存存取数据的速度要远慢于CPU存储单元。也就是说，将数据迁移到内存中，虽然扩大了存储的能力，但同时也降低了计算的速度，这其实是一种取舍。

小朋友们，这种取舍的思维后面还会经常出现。其实，我们在生活中也常常需要取舍，比如，我们不喜欢每天早起去上学，不喜欢每天做作业，但是，不去学校怎么能认识那么多可爱的朋友呢？不努力学习，怎么能获得那么多有趣的知识呢？我们没有办法让所有事情都按照我们的意愿进行，所以，我们要进行取舍。

我们来总结一下。计算机需要一定的“记忆力”才能完成计算，光靠CPU存储单元不够，还需要一系列存储设备来帮忙。本篇我们介绍了内存，CPU当下需要的数据会被存储到CPU存储单元，如果数据量太大，或者当下并不需要，那就存放到内存里。内存与CPU两相配合，极大地扩充了计算机的存储能力。

那是不是内存和CPU存储单元的配合就完美解决了所有数据的存储问题呢？其实还不行。下一篇我们继续来聊。

存储“五人组”之三——硬盘

我们继续来聊存储的话题。上节说到，数据的存取只依靠内存还不行，我们来看看内存具体有哪些不足。

首先，内存是靠集成电路和元器件来实现存储的，也就是说必须在通电状态下才能存储数据，一旦断电数据就丢失了。这个问题可太严重了，比方说我们刚用办公软件编写了作文，结果关掉电脑电源后作文就丢失了，这可不行。

其次，内存的造价虽然比CPU要低很多，但是单位容量的价格还是很高的。我们计算机里有那么多文档和数据要存储，全部放到内存里，价格还是太贵了。

所以，我们要想永久地存储大量的数据，还得找到别的解决方案。这个方案就是**使用硬盘**。

先来看看硬盘长什么样子。如图2-2-6所示，它有一个金属的外壳，外壳上标示着硬盘的各种信息，后面我们会详细讲解这些信息。跟内存一样，硬盘也有插槽，可以与计算机其他部件连接起来。那么，硬盘为什么就比内存便宜呢？让我们来揭开它内部的秘密吧。

图2-2-6　硬盘外观

我们打开硬盘的外壳就能看到硬盘的内部了，如图2-2-7所示。整个硬盘的数据实际存储在圆形的磁盘上面，在硬盘工作的过程中，磁盘会高速旋转，旁边有一个带有磁头的机械臂，磁头用于读取和写入数据。

图2-2-7　硬盘内部

机箱里的“嗡嗡”声

小朋友们，回想一下，你在使用台式计算机的时候，是不是听到机箱有“嗡嗡”的声音呢？这个声音一部分来自CPU的外部风扇，另一部分就来自磁盘的高速转动。大家可以留心听一下哦。

跟内存一样，我们也需要给硬盘的空间分配地址。比如可以用磁盘的磁道和扇区来定位数据，如图2-2-8所示，**磁道**就是指从磁盘圆心到外圈，磁头走过的轨迹，而**扇区**就是磁头在磁道上走过的区域。如果我们知道了数据所在的磁道和扇区，就可以调整机械臂，将磁头放置到相应的磁道，随着磁盘的转动，磁头就能读取到相应扇区的数据了。

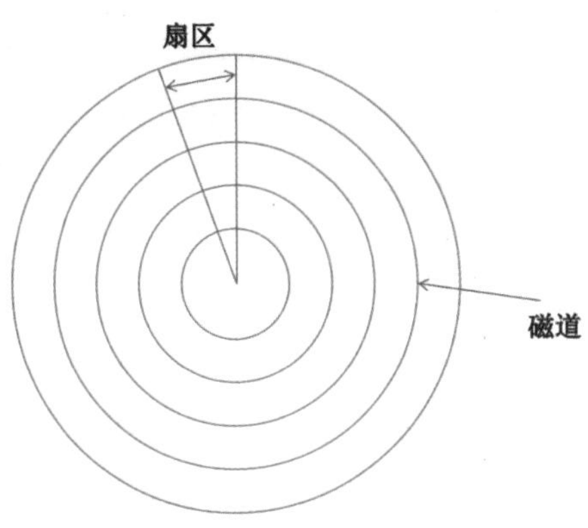

图2-2-8 磁道和扇区

我们下面来看看硬盘有哪些优点。首先，硬盘是采用磁盘来存取数据的，这比集成电路的制造难度小很多，因此，在存储空间相等的情况下，硬盘价格要比内存便宜很多。

到底能便宜多少呢？如图2-2-9和图2-2-10所示，对比来看，内存的容量只有16 GB，售价509元，而硬盘的容量有1 TB，售价只有

图2-2-9 某内存价格

图2-2-10 某硬盘价格

269元。这里的GB是数据量的单位，1 TB=1024 GB。可以看出，内存的价格远高于硬盘。

其次，硬盘是通过磁盘表面的磁性物质来存储数据的，所以可以在不通电的情况下长久地保存数据，这就弥补了内存的不足。

当然，硬盘也是有缺点的。

首先，每次读取数据的时候，硬盘都需要根据新的数据地址调整机械臂的位置，这肯定要比电流流动的速度慢多了。因此，硬盘读取和写入数据的速度远慢于内存。给大家布置一个思考题：怎样分配数据的地址才能加快硬盘存取数据的速度呢？稍后我们将公布答案。

其次，硬盘的体积比内存大很多，同时，硬盘中的数据都是存储在磁盘表面上的，在硬盘工作的时候，磁盘高速转动，这时候硬盘是不能被剧烈晃动的，否则很容易造成磁盘的损伤，而磁盘的任何损伤都可能造成数据的永久丢失。因此，小朋友们要小心使用我们的计算机哦！其实不光硬盘，计算机里的很多器件都是不能承受剧烈冲撞的，我们要轻拿轻放，爱护它们。

总结一下，硬盘相对内存来说，价格更便宜，而且还能在不通电的情况下长久保存数据，所以它就成为内存的有力补充。当然，硬盘也有其缺点，那就是读取数据的速度远慢于内存，只有配合使用才能做到优势互补。

那么，数据存储的问题就算全部解决了吗？还不行，我们除了把数据都保存下来以外，还需要随时随地都能查找到这些数据，这就是数据便携性的问题，我们下面继续来聊。

最后，我们公布一下思考题的答案。因为磁盘是沿着一个固定方向高速旋转的，所以磁头就会顺序地读取数据，一旦想要的数据没有顺序存储在一起，读取速度就会马上变慢。所以，尽可能地将需要一起读取的数据放在一起，这样就能大幅提升读取的速度。后面我们还会继续聊这个话题哦。

存储“五人组”之四和之五——移动硬盘与网络存储

我们常希望随时随地都能使用到数据，比如我们用手机拍摄了照片，就想立刻分享给朋友，同时也想把照片保存在家中的电脑里随时查看。这时光有内存和硬盘就不够了。怎么让数据更方便地为我们所使用呢？

第一种方法是把数据的存储设备做成可以被随身携带的，这样我们就可以带着它去各种地方。这就是**移动硬盘**，如图2-2-11所示。

大家可以找一找，自己家中有没有这样的设备？另外，它是不是和硬盘长得很像呢？顾名思义，移动硬盘就是可携带、可移动的硬盘，它就是普通硬盘换了一个外壳而已。如果我们把它拆开，就可以看到如图2-2-12所示的样子。

图2-2-11 移动硬盘外观

图2-2-12 移动硬盘内部

移动硬盘虽然实现了可携带、可移动，但它的缺点还是很多，比如尺寸偏大，携带不方便。此外，高速转动的磁盘受不了颠簸，所以我们在使用的过程中要格外小心。

那能不能把尺寸做得更小一点、抗震性更好一点呢？当然可以，这种产品就是**U盘**，如图2-2-13所示。大家有没有见过这样的设备呢？

图2-2-13　U盘

为什么U盘就可以这么小巧呢？这是因为U盘属于另外一种存储设备——**闪速存储器**，简称**“闪存”**。U盘的全称是USB闪存盘。USB（Universal Serial Bus）是数据传输接口的一种标准，在后面的章节我们会详细解释。U盘就像移动硬盘一样，其实就是将闪存加上了外壳。当然，我们也可以把闪存做大，当作硬盘来使用。

如图2-2-14所示，写有“HDD”字样的就是普通硬盘，HDD（Hard Disk Drive），全称翻译过来就是“硬盘驱动器”，也就是硬盘；写有“SSD”字样的就是用闪存做成的硬盘，SSD（Solid State Disk），全称翻译过来就是“固态硬盘”。请大家在图中找找看它们之间有什么不同呢？

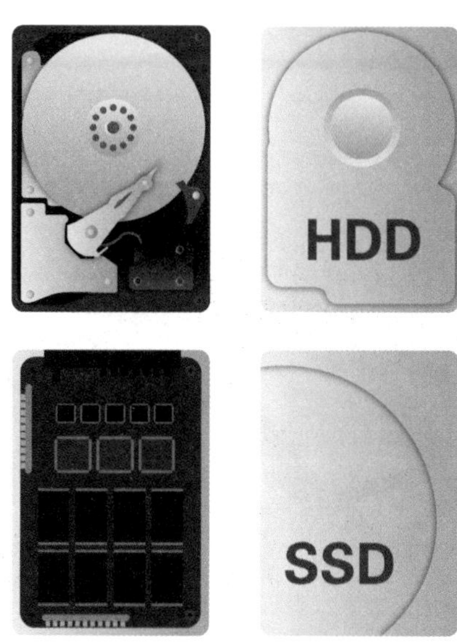

图2-2-14　HDD和SSD

现在我们来公布答案。从图2-2-14中可以非常清晰地看出两者的区别。HDD采用机械的磁盘来实现数据的存取，在图中可以很清晰地看到磁盘；而固态硬盘则由电器件来实现数据的存取，在图中可以看到一个个长方形的芯片。所以，固态硬盘的存取速度要远远高于普通硬盘。同时，我们也可以做出移动的固态硬盘，这就是U盘，它有更好的抗震性，也更加小巧、便携。当然，因为固态硬盘的制造工艺更加复杂，所以其价格也高于普通硬盘。

那么，这么多便携的移动存储设备是否已经满足了我们的需求呢？实际上，我们使用移动硬盘的场景已经越来越少，另外一个解决方案正在走进我们的生活。

想想我们拍完照片是怎样分享给朋友的？是不是直接通过社交软件就分享出去了呢？这不是比移动硬盘还方便吗？所以这个解决

方案就是网络。网络可以把很多计算机连接在一起，组成一个集群，同时为很多人提供数据的存取服务。

当我们通过微信分享照片的时候，其实是先将图片通过网络上传到远方的计算机集群，这个集群往往是社交软件公司为我们提供的。图片上传成功后，好友就可以随时通过网络查看这些照片，我们再也不需要通过移动硬盘来携带和传递数据了。网络存储给了我们更便捷的新选择。

当然，把数据存储到网上有优点，也有缺点。先来看一下优点：首先，我们可以随时随地读取数据，只要有网络，我们就再也不需要携带移动存储设备；其次，网络存储的空间几乎是无限大的——只要我们增加计算机集群的数量，就能增加存储的空间。缺点是我们只有将数据通过网络下载下来才能够使用它，通过网络读取数据的速度，要比硬盘和内存慢很多。

至此，五种主要的存储设备我们就讲完了，它们没有一种方案是完美的，它们都有各自的优缺点。

CPU运算时需要不断地读取和写入数据，只有让这么多设备高效协作起来，才能让CPU的运算速度最大化。那么，怎么来协作呢？下面，我们来聊聊这个话题。

如何让存储“五人组”更强？

从CPU内的存储单元到内存、硬盘、移动硬盘，再到网络存储，数据存取的速度越来越慢，但存储的空间越来越大，价格也越来越便宜。每种存储介质各有各的优缺点，怎么让它们紧密配合，才能让CPU的运算效率最大化呢？

CPU本身的运算速度是很快的，但是存取数据的速度很慢，所以要想加快CPU的运算速度，就必须加快数据的存取速度。我们先来看一下CPU存取数据的整个过程。

首先，内存和CPU存储单元都无法在断电的情况下永久保存数据，因此，原始的数据只能存放到硬盘、移动硬盘或网络存储中。当CPU需要读取这些数据的时候，我们就需要从硬盘、移动硬盘或网络中读取这些数据。而CPU存储单元的空间是极其有限的，所以大部分数据就只能先暂存在内存中，于是就形成了如图2-2-15所示的金字塔式的存储结构。

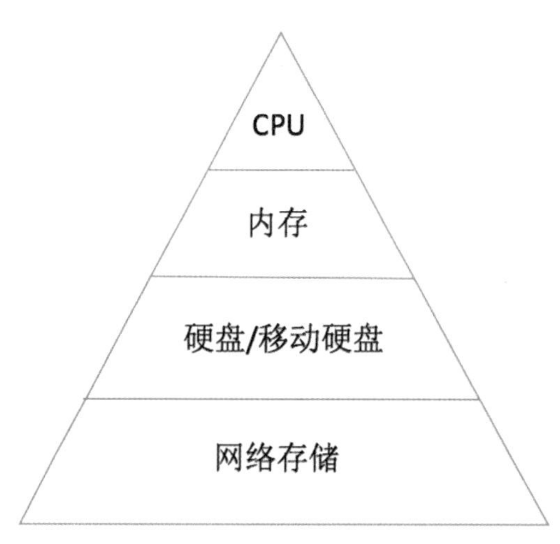

图2-2-15　金字塔式的存储结构

金字塔越往顶端空间越小，读取速度越快。由此我们可以看出，要想加快CPU的运算速度，就需要将它最需要的数据及时地放到金字塔的顶端，而不常使用的数据就可以存放到价格更便宜的底端。你看，这就是价格和性能的权衡。

那什么数据是CPU最需要的呢？一类是当下就要使用的，另一类是下一步要用的。如果能够准确地预测下一步需要使用哪些数据，提前将这些数据加载到速度更快的存储设备中，就可以提高CPU的运算速度了。

那么，我们该怎样进行预测呢？其实在日常生活中就能找到答案。比如做作业这件事，我们有哪些策略可以更快、更好地完成作业呢？

首先，磨刀不误砍柴工，我们可以在写作业之前，就提前将所需的文具准备好，比如铅笔、橡皮、尺子等，这样在用到的时候就不需要去翻找了，避免打乱做作业的思路，这就是一种策略。

同理，计算机也使用这种方式，叫作**“预加载策略”**。比如我们打开一个游戏程序，一开始有很长一段时间的加载过程，这就是在把游戏过程中可能使用到的数据，提前从网上或者硬盘上，加载到速度更快的内存中。虽然第一次加载的速度很慢，但这换来的是使用过程中的流畅。

其次，在准备文具的过程中，每取一个文具，就要尽量把这个地方其他所需的文具都一次性拿过来。比如我们要去书包里拿尺子，就顺便把书包里的笔、橡皮等物品也都取出来，这样就不需要在用到时再次去书包翻找了，这也是一种策略。

同理，在计算机中类似的策略叫作**“相邻读取策略”**。我们从硬盘中读取数据的时候，可以把其相邻的数据都一次性读取到内存中。一般情况下，这些相邻的数据极有可能在下一步就用得上。

最后，我们把工具都准备好，可以开始写作业了。不过由于书桌的空间是有限的，所以我们可能没法把文具都摆上来，那么哪些文具需要放在桌上，哪些可以放在别处呢？我们当然要把常用的文具放在手边，比如橡皮，我们每次使用完橡皮不要把它放回文具盒，而是先暂时放到桌上，等作业都写完了，再把它放回原处，这样就不需要反复打开文具盒了，这同样也是一种策略。

同理，在计算机中，内存的空间也是有限的，内存满了就需要将一些数据再写回到硬盘中，为其他数据腾出空间。那选择什么样的数据放回硬盘，又要把什么样的数据留下来呢？这就要用到**“最近最常被使用策略”**，即把数据按照最近被使用的频次进行排序，将最近最常被使用的数据留在内存中，因为这样的数据极有可能还会被使用。

你看，我们仅从写作业这个场景中就找到了三种使用策略，分别是预加载策略、相邻读取策略和最近最常被使用策略。小朋友们还能想到别的策略吗？

给存储设备做个体检

我们已经了解了五种存储设备，那怎么对比不同存储设备的能力呢？它们有哪些关键的信息是我们要关注的呢？下面，我们就给它们做个“体检”吧。

能存储的数据量以及存取的速度，是我们最关注的两个指标。

首先，来看一下存储设备的容量。我们当然希望存储容量越大越好，那么要怎么对比不同存储设备的容量呢？就像要对比两个物体的长度一样，只要用尺子分别测量，然后对比一下数值就可以了，即便用不同的尺子，只要长度的刻度单位是一样的，就可以进行比较。

同理，存储设备的容量也有统一的测量标准。就像语言可以用文字记录下来一样，计算机也有自己的语言来记录各种数据。人类语言的最小单位是字，同理，计算机语言也有最小的单位，叫“比特”（bit，binary digit，二进制数字）。

那么，计算机的语言到底是怎么描述世界的呢？其实，它跟我们人类的语言一样，有词语和语法。学习中文时，我们最先学习的是一个个字，学习它们代表什么意思，然后再学习语法，学习如何将字合理地组成一句话。计算机语言也是如此，我们会在第4章给大家详细地介绍哦。

就像长度单位有米、分米和厘米一样，计算机语言也有许多单位，除bit外，还有B（byte，字节）、KB（千字节）、MB（兆字节）、GB（吉字节）、TB（太字节）等。1 B=8 bit，1 KB=1024 B，1 MB=1024 KB，1 GB=1024 MB，1 TB=1024 GB。除比特与字节的关系外，其余每一个单位都是上一个单位的1024倍，这跟米、分米、厘米间固定的10倍关系是类似的。

常见的存储设备都以GB为单位。当然，随着存储工艺和技术的提升，存储设备的空间越来越大，价格也越来越便宜。

说完了存储容量，我们再来看存取速度。影响存取速度的因素都有哪些呢？

首先当然是实现存取所采用的技术。比如，内存的存取速度一定快于硬盘，固态硬盘一定快于机械硬盘。

其次，就算是采用了相同存取技术的设备，它们之间也有差异。比如内存，因为它是由电元器件构成的，所以电流流过的**频率**和**带宽**就决定了内存的存取速度，频率的概念我们之前介绍过，这里我们再介绍一下带宽。我们可以把带宽简单理解为连接到内存上的电路数量，每条电路都可以同时传递数据，所以整个内存的存取速度就等于电流频率乘电路数，这个电路数就是带宽。频率越快，带宽越大，存取的速度也就越快。带宽的概念应用非常广泛，后面我们还会碰到哦。

如图2-2-16所示，这是一块内存条的信息，“16GB”标明了这块内存的容量，“2666”是它的电流频率。这两个指标说明了这块内存的基本信息。

¥349.00

16GB 2666频率 DDR4 台式机内存

图2-2-16　内存条信息图

再比如机械硬盘。机械硬盘是通过磁盘的转动来实现数据存取的，磁盘转动的速度会影响整个硬盘的速度，因此转速是一个非常重要的指标，转速越快，硬盘的存取速度就越快。而固态硬盘因为采用了闪存的技术，所以自然就要比机械硬盘的存取速度更快。

下面，我们就拿实际的例子来看一下吧。

如图2-2-17和图2-2-18所示，这是我们常用的两种硬盘。图片下面的文字就是硬盘的基本信息，下面我们就来解读一下。先看图2-2-17，“1TB”是硬盘的容量，“机械硬盘”显示了它采用的存储技术，“7200转”就是磁盘转动的速度，代表了1分钟内磁盘会转动7200圈。通过这几个指标，我们就能大概知道这块硬盘的基本信息了。

再来看看图2-2-18，“SSD固态硬盘”指明了硬盘的存储技术，凭这就可以判断它比图2-2-18的硬盘的存取速度要快了；“500G”（即500 GB）是这块硬盘的容量。通过这几个基本信息，我们就能大致知道这两块硬盘的能力了。

¥269.00

1TB SATA6Gb/s 7200转64MB 台式机械硬盘(WD10EZEX)

图2-2-17　机械硬盘信息图

¥349.00

500G SSD固态硬盘 SATA3.0接口 S700系列

图2-2-18　SSD固态硬盘信息图

总结一下，存储的空间和数据存取速度是存储设备最重要的两个指标，根据这两个指标，我们就可以对比不同设备的性能了。

第 3 节　计算机的“身体”——主板

在前面的章节中，我们介绍了CPU、内存以及各种存储设备，那么，这些设备是怎么组合在一起并构成整个计算机的呢？下面，我们就来聊一下计算机的“身体”——主板。

我们先来看一下主板到底长什么样子。如图2-3-1所示，风扇后面刻满了电路的就是台式计算机的主板。

图2-3-1　台式计算机主板

从图中可以看到，主板上有各种各样的插槽，主板就是靠这些插槽把各种部件结合在一起的。这就好比搭积木，每个积木都有凹槽和凸起，通过插拔就可以把积木组装起来。主板上的插槽除了能把各个部件组装起来以外，它还可以让各个部件互相传输数据，同时，它也可以给各个部件供电。

主板是怎么做到这些的呢？计算机有那么多部件，每个部件都可能是不同的厂商生产的，怎么保证它们能够顺利地组装到同一块主板上，并且可以顺畅地工作呢？

这就像是一个个小积木，如果大家的插槽互不匹配，最后就很难组装起来。所以，要想让各个组件有效地组合起来，主板上的各个插槽就都要遵守统一的标准和规格，各部件的生产厂商在生产之前，也要约定统一的插槽接口标准。举个例子，SSD硬盘和机械硬盘，虽然采用的存储技术完全不同，但是只要对外的接口一致，就可以互相替换，这就是接口的威力。

其实，这样的接口标准并不是从一开始就有，早期的计算机生产并没有分工，生产一台计算机时，厂家会生产所有零件，并将其组装起来，因此并不需要制定这样的接口标准。但是，随着计算机越来越普及，需求量越来越大，性能要求也越来越高，制造大批量高性能的计算机已经不是单独的一个公司能够承担的了。所以，计算机的制造逐渐出现了分工，并且越来越细化，CPU、内存、主板都有专门的人生产，甚至还有人专门生产主板上的芯片，一个庞大的产业链逐渐形成。这时候，如果没有一个统一的标准去协同大家的生产，整个制造过程就会出问题。所以，产业链的分工促使大家坐下来商讨共同的标准。

当然，这样的接口标准可不容易制定，得需要整个产业链的厂商，尤其是龙头厂商牵头，大家共同协商才能制定，之后还要经过漫长的博弈和谈判才能普及开来。同时，技术总在不停地迭代，相应的标准也要不断更新才能与之匹配，这就促使产业链上的众多厂商，不断“合纵连横”，组建一系列国际标准组织来负责管理这件事。

标准的制定为什么这么难？这是因为大家提交方案的时候，往往会倾向于使用自家的技术标准，如果这个标准得以通过，自己就具有了优势，标准的制定不仅会惠及自身所在的整个产业链，甚至能影响一个国家的经济发展。

下面，我们回到主板的话题，看看常见的接口标准有哪些。

先来看一下硬盘的接口。目前通用的接口标准是SATA（Serial Advanced Technology Attachment Interface，串行先进技术总线附属接口）。如图2-3-2所示，这就是主板上的SATA，我们的硬盘通过数据线连接到这里。SATA是由英特尔、IBM、戴尔、APT、迈拓和希捷等众多行业巨头公司制定的硬盘接口标准。

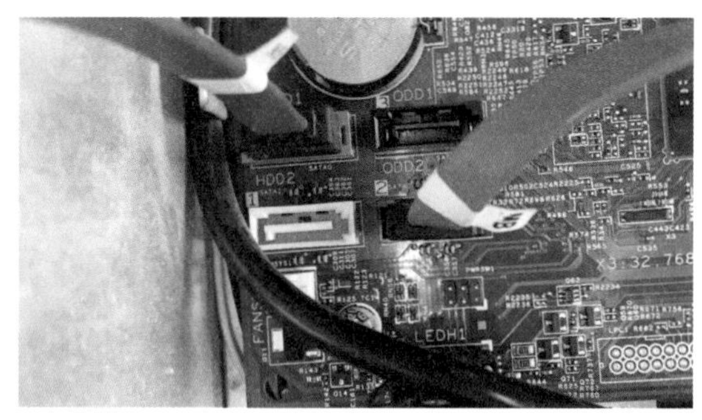

图2-3-2　SATA

再来看一下移动硬盘的接口。目前通用的接口标准是USB，它是由英特尔、康柏、Digital、IBM、微软、NEC及北方电信等计算机和通信公司于1995年联合制定的，并逐渐形成了行业标准。如图2-3-3所示，方形的插口就是USB接口了。这种接口应用非常广泛，如图2-3-4，我们平时手机的数据线也是采用这个标准。

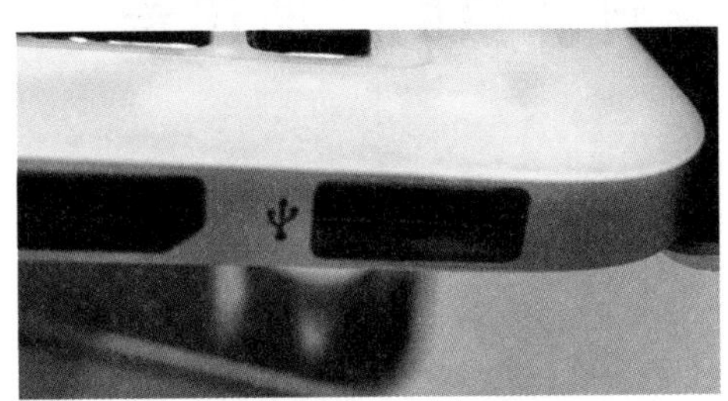

图2-3-3　主板上的USB接口

图2-3-4　数据线的USB接口

无论是SATA还是USB，接口标准都在不断迭代中，我们在对比存储设备的时候，可以通过其使用的接口标准来推测存储设备的性能优劣。

总结一下，计算机主板就像我们人类的身体，它通过一系列接口将计算机的各个部件连接起来，接口标准化让全世界的计算机厂商得以高效地协作。

第 4 节　计算机的“通讯录”——网卡

计算机不是孤军作战的，它有庞大的计算机大家庭，它们之间联系紧密，通过它们自己的网络，随时进行高效的协作，共同完成复杂的任务。那么，它们是怎么进行联系的呢？下面，我们就来揭密负责沟通的设备——网卡。

先来看一下网卡到底长什么样子吧。如图2-4-1所示，这是一个台式计算机上的网卡。黄颜色、有金属外层的部分就是网卡的针脚，它可以插到我们上节说的主板上面，从而跟计算机的其他部件连接起来。

图2-4-1　网卡

网卡外侧银色金属的部分是两个对外的网线接口，我们可以插入网线。

我们可以看到网卡上也有芯片。其实很多计算机部件都有自己的芯片。这是因为每个设备都有自己需要处理的特殊任务，如果大家都依靠CPU来处理，那么CPU的效率就太低了。所以每个设备都会依靠自身的芯片来处理各自独特的任务。一方面，自有芯片和设备在一个电路板上，不需要通过主板再跟CPU打交道，所以效率更高；另一方面，这样可以大幅减少CPU的任务量，从而提升计算机的整体性能和稳定性。

上文展示的是台式计算机的网卡。那么，手机等其他设备是如何上网的呢？手机这样的计算机也有类似网卡的设备存在，只是它更加便携、小巧，它们不能通过网线来上网，只能通过无线网络来上网。

什么是无线网络呢？顾名思义，就是不需要网线、在空中传输的网络。这就像我们的声音，声音以声波的形式传播，我们可以隔着很远听到别人说的话，就是因为声波在空气中传播了过来。当然，距离越远，声音越模糊。不知道大家有没有玩过“土电话”游戏：如图2-4-2所示，用绳子将两个纸杯“话筒”连接起来，拉直绳子，这样即使相距较远，声音也能很清晰地传过来。这是因为声波通过固态的绳子进行了传播，这要比在空气中传播的效果更好。

图2-4-2 “土电话”游戏

同理，无论是无线网络还是有线网络，我们的数据都是以电磁波或电流的形式传播的。无线网络就是在空中传播，而且距离越远，传播效果越差。无线网络的传播质量和速度都不如有线网络好。但是，无线网络有一个天然的优点，那就是更加自由和便携，更适合小型和移动的设备。目前使用最广的一种无线局域网是Wi-Fi（Wireless Fidelity，无线保真）。

那么要怎样综合两者的优点呢？我们可以在家里放置有线网络的终端，然后通过无线网络把计算机连接到这个终端上。这样的话，一方面，更加轻巧和便携的计算机也能随时随地联网；另一方面，网络终端通过网线连接到互联网上，可以给计算机提供稳定、快速的网络。

如图2-4-3所示，这就是我们家中常用的网络终端，它叫路由器。**“路由”**就是指将数据从一个计算机送到指定计算机的过程。在家中，手机和平板电脑都可以通过Wi-Fi连接到路由器上，路由器又通过网线和互联网相连。

图2-4-3 家用路由器

那在没有Wi-Fi的场景下，我们的手机是怎么上网的呢？其实啊，秘密就藏在我们的手机SIM卡里。每个手机都装有一张SIM卡（如图2-4-4所示），每张SIM卡对应一个手机号码，每个手机号背后都有一个运营商在服务，比如中国移动，它们会在我们生活、工作的各个地方为我们建造网络接入点，这个接入点叫基站（如图2-4-5所示）。

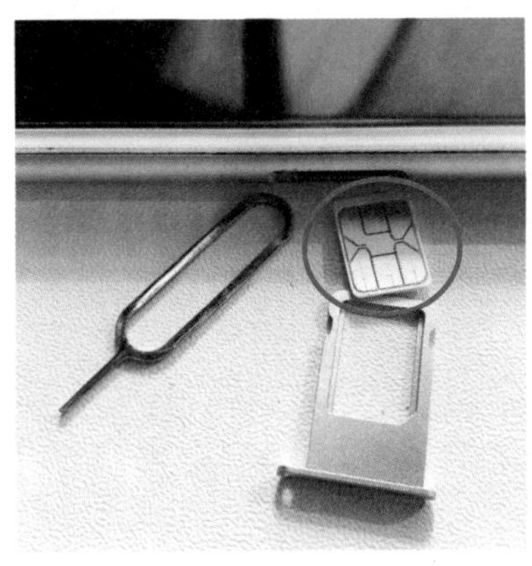

图2-4-4 手机SIM卡

图2-4-5 基站

我们可以把基站看作大型的路由器，有的功率很大，可以覆盖方圆几千米的范围，有的功率小，只能覆盖几百米。当然，功率大的基站体积也会比较大，安装起来就比较麻烦。

你有没有这样的体验：有时候去山区旅游或者在海上航行，手机很容易没有信号？这就是因为这些地方很难建造足够多的基站。在这种极端的场景下，人们还有一个办法可以上网。如图2-4-6所示，我们可以连接到通信卫星，然后通过卫星再连接到网上。

图2-4-6　通信卫星

总结一下，计算机大家庭通过无线和有线两种方式连接在一起，两种方式各有优缺点，我们可以通过设置网络终端的方式综合利用两者的优点。

第 5 节　计算机的“五感”

我们人类有各种感觉器官可以感受这个世界，并与之互动。计算机同样也有自己的“五感”，但是它们跟这个世界打交道的方式和我们不一样，下面，我们就来聊一下这个话题。

说到计算机的“五感”，大家最熟悉的是鼠标、键盘、屏幕、手写笔等，因为这些设备都是我们平时常用的，其实除了这些以外，计算机还有很多我们不了解的地方。

首先，我们来看一下计算机是如何和人类互动的。随着技术的发展，计算机跟人打交道的方式越来越丰富，也越来越人性化。比如语音交互，我们已经可以用人类的语言跟计算机交流了。我们既可以用语音跟iPhone的Siri（苹果智能语音助手）交流（如图2-5-1所示），也可以跟智能音箱交流。语音交互的场景正变得越来越普遍和自然。

再比如虚拟现实（VR，Virtual Reality）技术。顾名思义，计算机可以模拟出真实世界的景象，让我们身临其境，可以更自然地融入其中。戴上专属的VR眼镜（如图2-5-2所示），你就可以看到计算机为我们呈现的模拟世界了。

图2-5-1　与Siri交流

图2-5-2　VR眼镜

再比如增强现实（AR，Augmented Reality）技术。它与虚拟现实技术相对应，虚拟现实是计算机完全虚拟一个不存在的场景，而增强现实技术则可以在真实世界的图景中加入虚拟的事物。比如任天堂、宝可梦公司等联合开发的《宝可梦Go》游戏（如图2-5-3所示），我们可以在真实的相机图像中，看到计算机为我们模拟出来的精灵宝可梦。

通过语音交互、虚拟现实、增强现实等技术，计算机正在为我们打造一个更加梦幻的世界，甚至让我们难以区分虚拟与现实的区别。正如电影《头号玩家》所展示的（如图2-5-4所示）随着科学技术的飞速突破和发展，未来的世界实在难以想象，我们也许可以完全生活在一个虚拟的世界中。

图2-5-3　《宝可梦Go》游戏示意图

图2-5-4　电影《头号玩家》示意图

以上我们说了许多种交互方式，但人类还是需要通过身体的各种动作将想法传递给计算机。有没有直接连通大脑和计算机的方法呢？还真有！怎么让计算机理解大脑的命令呢？大脑由几百亿个细胞构成，它们会通过脑电波来传递信息并完成思考（如图2-5-5所示），只要能检测到这些脑电波，计算机就能读懂大脑的指令，从而做出相应的反应。

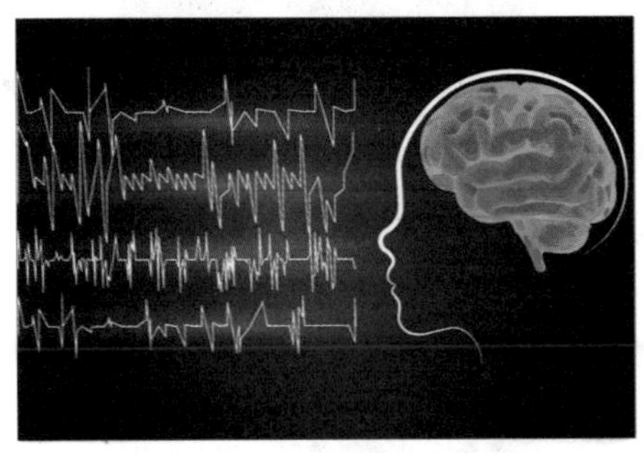

图2-5-5　脑电波检测示意图

当然，隔着硬硬的头骨，计算机很难准确地捕捉到脑电波的每次微小波动，人类最新的技术，已经可以让计算机通过脑机接口直接与大脑相连了（如图2-5-6）。当然，这一技术的风险还很大，同时科学家也还没有完全破解意识与脑电波之间的关系，所以，这项技术还在继续被完善中，相信未来对它的应用会超出想象。

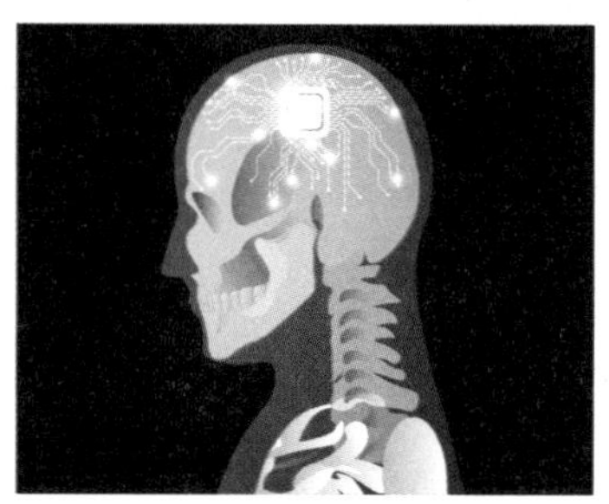

图2-5-6　脑机接口示意图

除了与人类的沟通和交互以外，计算机感知和改造这个世界的方式也是多种多样的，下面先从感知说起。计算机可以像人类的眼睛一样，观察外界的事物（如图2-5-7所示），停车场出入口的收费工作已经完全可以由计算机来代劳了，它可以通过摄像头识别前方的车辆，并自动计算出需要缴纳的费用，出行由此变得更加便捷。

图2-5-7　摄像头

计算机除了可以用于识别车，也可以用于识别各种东西，比如人脸，这样我们就可以刷脸打开手机、刷脸进行支付；在具备自动驾驶功能的汽车上，计算机还可以识别道路上的各种物体，自动根据路况调整驾驶方式。

除了模仿人类视觉来获取信息以外，计算机还可以通过各种传感器来感知世界，比如计算机可以测量人的各种健康指标，这些信息可以反映出我们的健康状况（如图2-5-8所示），这些数值就是手表内部的传感器采集到的。

图2-5-8　智能手表

其实，手机上就有很多传感器，比如我们可以通过手的晃动来操作游戏（如图2-5-9所示），手机是怎么感知到它当前的姿态的呢？这就依靠手机内部的加速度计、陀螺仪、重力感应器等传感器，它们可以准确地获得当前手机的速度、加速度、姿态等信息。

图2-5-9　操作重力感应游戏

上文说了计算机感知这个世界的方式，下面我们再来说一下它是怎么帮助人类改造这个世界的。说到这个话题，你可能最先想到的就是机器人（如图2-5-10所示），它的形象往往是类人的，可以帮我们做各种事情，比如取送物品。

图2-5-10　配送机器人

当然，机器人没必要长得像人。根据应用场景的不同，机器人也有不同的造型。比如图2-5-11中的星球探测器，它有车子的形状，可以适应各种复杂的路况，同时还配有摄像头和机械臂以便进行各种科学操作；再比如，汽车生产中所使用的机械手（如图2-5-12所示），它只是一个手臂的形状；还比如，这是一只可以帮助我们搬运物品的机械狗（如图2-5-13所示），模拟了狗的外形。

甚至还有辅助人体自身的机器人。比如外骨骼（如图2-5-14所示）它就像我们长在体外的骨骼，可以提升我们身体的各种机能，让我们可以负重更多、跑得更远，甚至让下肢残疾的人重新站立行走。

图2-5-11　星球探测器

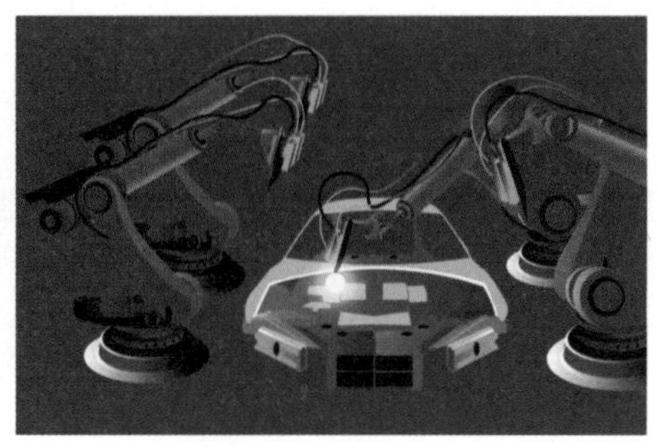

图2-5-12　机械手

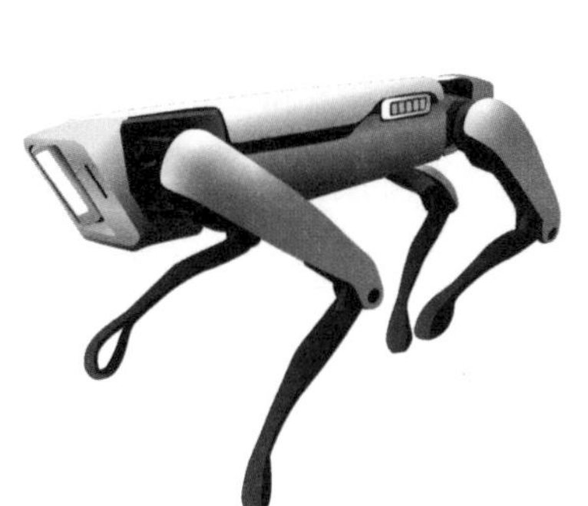

图2-5-13　机械狗

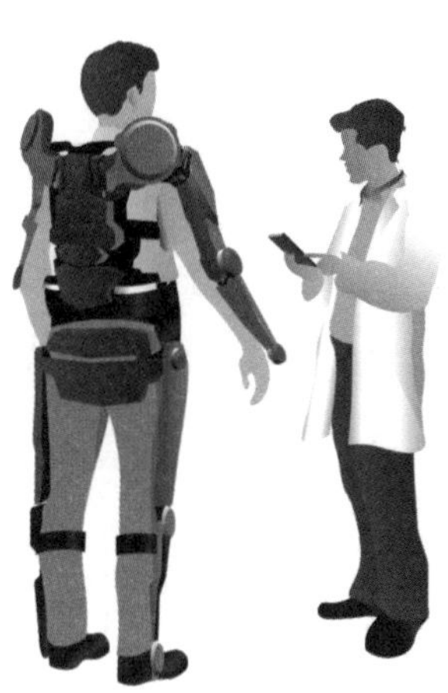

图2-5-14　外骨骼

总结一下，本节我们聊了计算机如何跟人类互动的、如何感知这个世界，以及如何帮助人类改造世界，可以看出，计算机是人类目前为止制造的最顶尖的工具，它是人类智慧的宝贵结晶。

第 6 节　怎么让计算机变得更快?

到这里，我们已经讲完了计算机的各个组成部分——它的“大脑”“记忆”“身体”“通讯录”和“五感”。那么，这些部分是如何高效地协作，进而完成一个个不可思议的任务的呢?

来打个比方，这就好比我们跟好朋友一起玩过家家的做菜游戏，每个小朋友都会有自己的分工，有的负责采摘蔬菜，有的负责洗菜、洗碗，有的负责做菜，有的负责摆桌碗、上菜，只有每个人都配合好，游戏才能顺畅地玩下去。

计算机也是如此，要想拥有高性能的计算机，除了要求每个部件都足够好之外，部件与部件之间还要互相匹配才可以。计算机要完成一个任务，就需要不同部件之间高效地协作和传送信息。

举个例子，比如计算机的CPU很强大，但是内存很小，那么，每次CPU运算所需的数据没法都存储到内存中，需要从硬盘甚至网络上加载过来，这样哪怕计算机的CPU很强大，但它整体的性能也不会很高。

在管理学里有一个木桶理论，如图2-6-1所示，说的是一个木桶能盛多少水，是由这个木桶最短的木板决定的，因为其他的木板再长，水都会从短板的地方流出来。

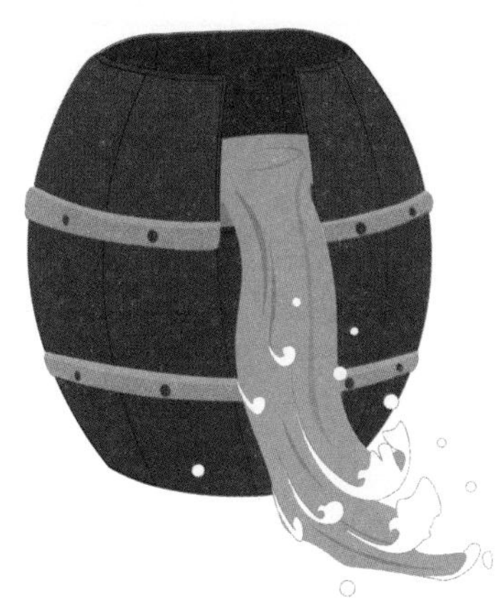

图2-6-1 木桶理论

计算机也是这样，当我们选择一台计算机时，不要只注重单个部件的性能，而是要看整体的配合度。同理，要提升一台计算机的性能，也需要找到其中的短板，在短板上提升，才能大幅提升整体的表现。

不过要彻底了解计算机这个朋友可不容易，我们对它了解得越多，它身上未知的秘密反而越多。

现在我们了解了计算机的各个部件。那么，它们到底是如何协作起来的呢？在第3章中我们继续来解密。

第 3 章

计算机怎么思考?

本章我们会介绍计算机的语言，看看计算机是如何通过它的语言来描述万事万物的，同时来看一看计算机的各个部件是如何协同作战的。

这就像我们小朋友们组队玩游戏，每个人都有不同的分工，要想把游戏玩下去，大家就得靠语言把事情交代清楚。同理，计算机各个部件的协作、数据的存储、不同计算机间的交流，以及计算机跟外界打交道，这些都离不开语言，也就是说要用到计算机自己的语言。有了计算机语言，计算机才能思考、认知和改造这个世界。下面，我们就来一起探秘计算机的语言吧。

第1节　计算机的语言——0和1

在了解计算机语言之前，我们先来看一下人类的语言。人类的语言基本上可分为三个部分：第一部分是对外界事物的描述，比如地名、人名、物品名、数字、图像、声音等；第二部分是对动作的描述，比如“跑”“拿”“打”“跳”等，它们描述了一个可以被执行的动作；最后一部分是对逻辑的描述，比如当我们说“如果”“但是”“对”“错”等词的时候，它们没有对应现实世界中的某个物品，而是我们脑海中进行思考推理所需的词汇。

同样，计算机语言也要有这三个部分。

很小的时候我们就学会数数了：1、2、3、4……我们其实是在用数字来描述外界事物的数目，比如家里有三个人。不过，我们用来描述数目的方法和计算机的很不一样，我们用0到9这10个数字就可以表达所有的数，我们管它叫“十进制”。如果超出了10，我们可以通过进位的方式来继续表达，比如“11”“100”等。

同理，计算机也得靠不同的状态来模拟数字。

我们在第2章中聊到，CPU是通过电流流过集成电路，使电器件的状态发生变化来模拟运算的。以电灯为例，我们可以用开灯代表一个状态，关灯代表另外一个状态。很显然，电器件能够呈现出来的状态并不多，只有通电和不通电两个状态，那么，这两种状态是否也能表达所有的数字呢？确实是可以的，这就是二进制。

二进制是如何表达所有数字的呢？我们虽然可以用关灯状态来表示0，开灯状态来表示1，那么2以上的数字呢？我们可以参照十进制的规则，用进位来表达，比如，2我们可以表达为“10”，也就是用2盏灯，1个灯亮，1个灯灭；3我们可以表达为“11”，也就是用2盏灯，2盏灯都亮；4我们可以表达为“100”，也就是用3盏灯，只有1盏灯亮，其他都灭。以此类推，二进制就可以和十进制一样，表达所有的数字了。

最后，我们来做一个游戏吧，大家算一算二进制的“100100”代表什么数字呢？

揭晓答案，其实它和十进制是一样的道理，比如十进制的111代表1×10×10+1×10+1，那么同理，二进制的“100100”就代表1×2×2×2×2×2+1×2×2，结果就是32+4=36。大家算对了吗？

如何描述文字？

现在我们知道计算机是如何描述数目的了，那么其他事物呢？

第1章介绍过，我们可以在办公软件里打出所有的中文和英文，这些文字是怎么被翻译成计算机语言的呢？其实，只需要约定一个从二进制数字到人类语言的对应关系就可以了。当然，这个对应关系就像第2章中我们聊到的接口协议一样，也得是国际标准，需得获得大家的认可才行，要不然互相之间就不能通用了。

汉语和二进制数字的对应关系有很多标准。

比如GB 2312—1980字符集，中文名是《信息交换用汉字编码字符集》，其中“GB”是“国标”（即国家标准）的汉语拼音“guóbiāo”的首字母缩写，表示这是一套中国的国家标准。这套字符集一共收录了汉字6763个，非汉字图形字符682个，总计7445个图形字符，它是我们中国人普遍使用的字符集。

大家不要被这个国标复杂的名称吓住，其实没有那么复杂，我们可以把GB 2312—1980理解为一个大家一起协商出来的二进制对应汉字的表，比如“国”字，它对应的二进制数字是“11100101111010”。前面我们聊过数据大小的单位，我们管一位叫一个比特，八位叫一个字节，按GB 2312—1980来计算，需要两个字节才能完整地表达这些汉字。

“位”这个概念我们在很多地方都能看到，比如“CPU是32位的还是64位的”，意思是指通过CPU针脚一次性传递的二进制数据有多少位，可以简单理解为32位CPU就有32个针脚，我们可以一次性传递一个32位的二进制数字。

那是不是位数越大越好呢？确实如此，位数越大，一次性传递的数据就越多。当然，这种性能的提升是需要整体来配合的。如果应用程序都是32位的，那么每次传递给CPU的指令就都是32位的，即使CPU是64位的，那它剩下的一半位置也无法利用，效率也就无法提升了。这就是我们前文聊过的，要想让整体的效能大于部分之和，还得让每一部分都协调起来才行。我们后面还会继续聊这个话题。

再举个有趣的例子。当跟别人发消息的时候，我们经常会使用一些表情符号，如图3-1-1所示，计算机是怎么识别这些符号的呢？其实原理很简单，跟汉语、英语一样，表情符号也有标准。我们常用的emoji表情符号是日本人栗田穰崇发明的，“emoji”这个词就是日语词汇“绘文字”的发音。原理和GB 2312—1980一样，每个表情符号都会对应一个二进制的数字，对计算机来说，它存储和传输的都是这个二进制数字，只有在展示消息的时候，才会根据对应关系将表情展示给我们。

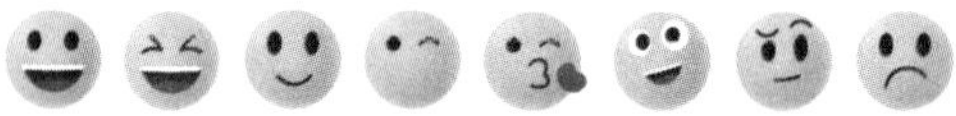

图3-1-1　表情符号

总结一下，计算机通过二进制的数字来表达万事万物，这就是计算机独有的语言。计算机中存储的数据，以及网络上传输的数据，所有的数据都是二进制的。

怎么描述图像？

看来我们人类语言能描述的东西，计算机都能不费吹灰之力地描述出来，那对于复杂的图像、视频和声音来说，计算机又是怎么呈现的呢？其实，万变不离其宗，只需要将它们翻译成计算机能理解的二进制数据就可以了。那么，怎么进行这个转换呢？思路仍然跟第2章讲的一样，我们需要确定图像和声音与二进制数字之间的对应关系。那么该怎么来进行对应呢？

我们先来说一下图像的转换。在计算机屏幕上看到的图像都是非常逼真的，但是，如果我们把一个图像无限放大，就会出现如图3-1-2所示的状况。实际上计算机会把图像分割成无数个正方形，每个正方形只显示一种颜色，我们把这样的一个正方形叫作一个**“像素”**。

图3-1-2　像素组成的图像

但是为什么我们平时看到的图像都没有这种锯齿状的边缘呢？

那是因为平时我们看到的屏幕，无论是台式计算机的显示器，还是手机的屏幕，屏幕上的像素都太多了，每个像素都非常微小，小到了人类肉眼无法识别。像素越密集，我们看到的图像就越清晰，所以当我们买带屏幕的计算机，比如手机的时候，一个很重要的指标就是屏幕的像素数，也就是清晰度。

同理，摄像机照相的清晰度也跟像素有关系，能拍摄的像素越多，照片就越清晰，这也是选择手机的一个重要指标。如图3-1-3所示，红框标注的“3200W”就是这个手机摄像头的像素数，意思是用这个手机摄像头拍摄的照片有3200万个像素。当然，这个数字越大，代表手机的配置就越高。

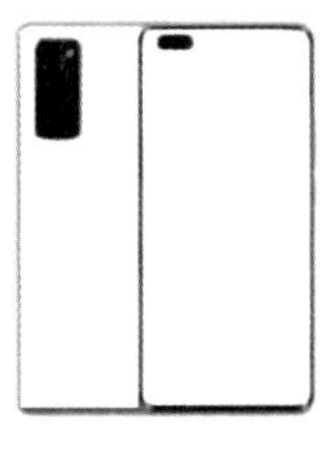

图3-1-3　手机像素成为选择手机的重要参数

说清楚了像素的概念，那么把图像转换成数字就变得很简单了。因为每个像素只有一个颜色，所以我们只需要为每种颜色找一个对应的数字，那么，一个图像就可以转换成每行每列像素的颜色值，也就是转变成了一组数字。那么，到底有多少颜色需要被转换呢？

要解决这个问题，我们需要先了解颜色形成的原理。其实我们看到万事万物的颜色，都是自然光打到这些物体上，反射到我们眼睛里，被我们的眼睛识别形成的。自然光经过物体反射为什么会呈现出不同的颜色呢？我们可以把自然光看作是由各种颜色的光混合构成的，当它们混杂在一起的时候，我们感受不到单种颜色的存在。但是，这样不同颜色的光照到物体上，被反射的程度是不一样的，这样不同颜色的光就被分离了出来，于是我们就可以感知到颜色。

下面来举个例子，不知道大家有没有玩过三棱镜。如图3-1-4所示，当光经过透明的三棱镜时，就好像被弯折了一样，不同颜色的光经过棱镜之后弯折的角度不一样，这就造成了不同颜色光的分离，于是我们就看到了美丽的各色光线，我们称这个现象为**色散**。同理，如图3-1-5所示，我们在雨后看到的彩虹，就是太阳光照射到空气中的水滴发生色散后的现象。

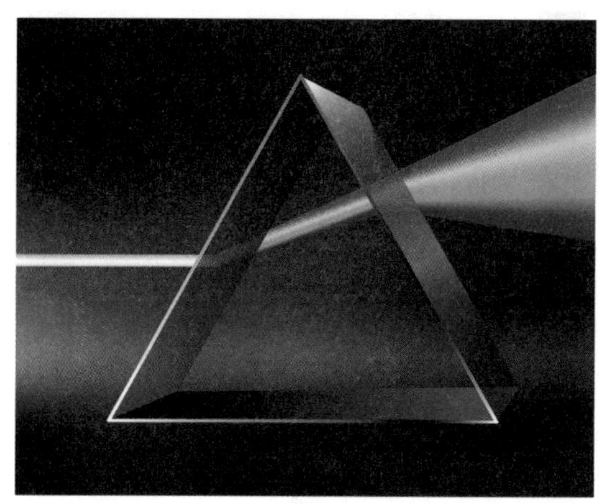

图3-1-4　三棱镜使复色光发生色散

图3-1-5　雨后形成了美丽的彩虹

知道了颜色的形成原理，我们就能够知道到底有多少种颜色了。透过三棱镜的色散，我们可以看到几种最常见的颜色，它们分别是红、橙、黄、绿、蓝、靛、紫。除此之外，还有两个特殊的颜色——白色和黑色，白色是所有颜色的光混合在一起形成的，黑色就是没有光，比如没有光的夜晚就是黑色的。当然，不同的颜色是可以混合在一起的，这就形成了颜色的深浅，如图3-1-6所示。

图3-1-6　颜色混合造成的深浅不一

我们在做手工十字绣时，如图3-1-7所示，会用不同的线缝满不同的格子，最终就可以绣出美丽的图案。我们准备的线的颜色越多，最终绣出来的图案也就越清晰、越绚丽。同理，计算机也是将一个图像分割成了一个个像素，然后在每个像素中显示不同的颜色，从而构成了整幅图像。如图3-1-8所示，我们在计算机显示屏上看到的图像，其实就是这样显示出来的，只是我们平时看到的屏幕像素非常高，让我们感知不到这些瑕疵而已。

图3-1-7 美丽的十字绣

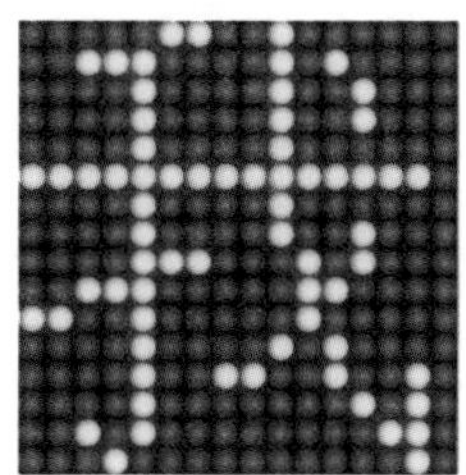

图3-1-8 显示器上呈现的像素图

这样我们就聊完了计算机显示图像的原理。下面，让我们具体看看图像是怎么转换成数字的。

首先，就像绣十字绣一样，我们需要挑选一些颜色作为“绣线”。如果我们把所有颜色都罗列出来，那数量就太庞大了。有没有可能用极少的几种颜色来表达所有的颜色呢？

我们知道颜色是可以互相混合的，一种颜色可以通过其他的颜色调和而成。这就意味着，我们可以选择几种基础的颜色作为我们的“绣线”，然后再通过混合不同量的基础色来表现出所有的颜色。在所有颜色当中有三种颜色比较特别，这三种颜色无法通过其他颜色调和而成，但是这三种颜色可以调和成其他颜色，它们分别是红（red）、绿（green）、蓝（blue），如图3-1-9所示，我们叫它们“**三基色**”，所以我们也把这三种颜色叫作RGB三基色。

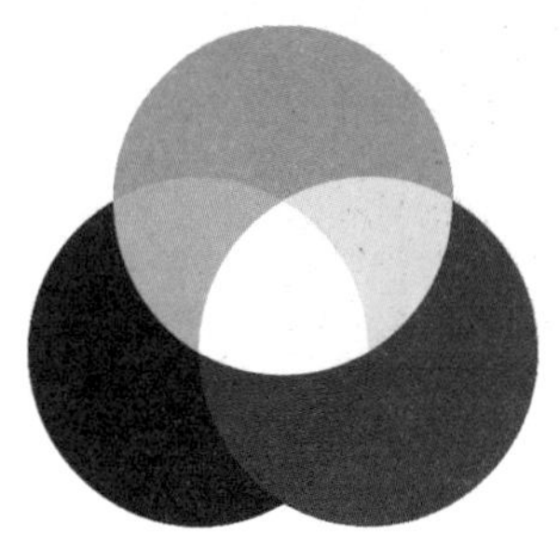

图3-1-9　三基色

每种颜色都有深与浅，所以，我们一般用一个字节的二进制数字来表示一种三基色的深浅。还记得一个字节是多少吗？是的，它是八个比特，它能表示的数字范围是0到255。所以，我们可以用三个字节来表示一个像素的颜色。例如，当我们设定红、绿、蓝三个基础色的数值分别是156、125、220的时候，得到的就是图3-1-10下方偏紫的颜色。我们可以在办公软件中找到这个工具哦，大家可以找找看。

约定好了三基色对应的数值，我们就可以把每个像素的颜色转换成数字，从而把一幅图像转换成一组数字。

但是，这里还有一个问题：如果我们用这种方法来表达一幅图像，一个像素就要三个字节，那么整个图像的数据量就太大了，不仅占用的存储空间非常大，而且通过网络分享给别人的时候，需要传输的时间也很长。所以，我们还得想一些办法去“压缩”图片，当然，压缩时最好不损伤图片的画质。大家想想有什么办法可以进行压缩呢?

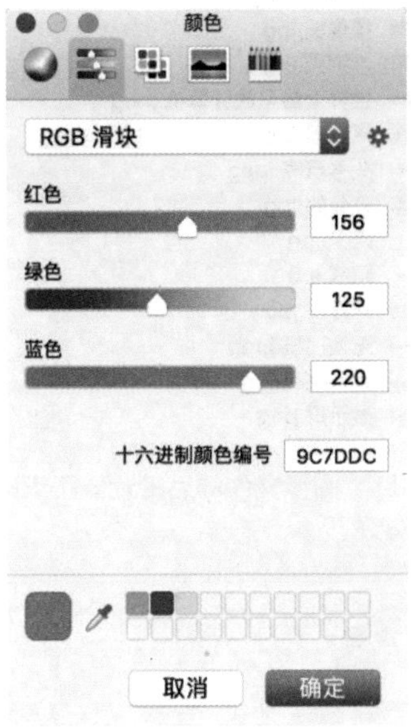

图3-1-10 RGB颜色数值

我们这里只介绍一种常见的方法。其实一幅图像用到的颜色数量是有限的，我们可以把这些颜色抽取出来，放到一个“调色盘”中，并为每种颜色取一个代号，比如，一幅图一共用到10种颜色，那么我们就用0—9这10个数字来代表每种颜色，这样，图像中每个像素的颜色就都可以直接用0—9表示，这样就不需要占用3个字节了，最终大幅缩小了图片所占的数据量。

当然，真实的图像压缩技术要更加复杂，我们把这些压缩的方法叫作**“图像的编码”**，这些编码的方法也需要多方一起讨论出标准才可以。常见的图像编码标准有BMP、JPEG等，如图3-1-11所示，我们在台式计算机上看到的文件后缀，比如“.jpg”，就代表了这个图像采用的编码方式。

扫地机器人截图
摄像头.jpeg
摄像头.jpg
十字绣.jpg
世界上最早的计算机.jpeg
探测器.jpg
头号玩家.jpeg
外骨骼.jpg
网卡.jpg
网线.jpg
网线头.jpg
无人飞机.jpeg
无人飞机.jpg
显示屏.png

图3-1-11　图像文件的后缀代表了编码标准

怎么描述视频？

那计算机是怎么展示视频的呢？跟图像一样，我们得把视频转换成二进制的数字。

不知道大家有没有玩过这样的游戏，如图3-1-12所示，我们用拇指很快地翻过画册，画中的景象就好像动了起来，就像是一个动画正在播放。

图3-1-12　翻阅动画书

我们再来看一下电影的播放方式。小朋友们可以问问自己的爸爸妈妈，他们小时候有没有看过露天电影？就是如图3-1-13所示的样子。我们需要用放映机把电影播放出来，放映机右侧圆形的物体就是电影胶卷，如图3-1-14所示，我们转动电影胶卷，并将胶片中的影像投射到幕布上，这样就形成了连续的电影影像。我们再来看看胶片，如图3-1-15所示，胶片里其实就是一个个电影的画面。

图3-1-13　露天电影示意图

图3-1-14　电影胶卷

图3-1-15　胶片里的画面

由此可见，视频就是由一幅幅图片构成的，只不过每幅图片只显示非常短的时间就切换到下一张图片，两张图片之间的差别很小，而且切换的时间非常短暂，短暂到我们的眼睛无法察觉，我们看到的就好像是连续的画面，这每一幅画面叫作**“帧”**。

视频的帧切换得越快，就越能够“欺骗”我们的眼睛，让画面看起来像是连贯的。一旦切换的速度过慢，我们用肉眼就能感知到这个切换的过程，就会感觉视频在卡顿。通常来说，视频每秒有24帧。计算机屏幕的显示也遵循同样的原理。

我们在计算机上进行的各种操作，比如在办公软件上编写文章，随着我们敲打键盘，显示器会顺滑、不卡顿地把字显示出来，背后的原理也是相同的。计算机会为显示器的展示提前准备一个“画布”，每个应用程序都可以在这个“画布”上操作，然后显示器会按照固定的频率将这个“画布”展示在屏幕上，只要这个频率足够快，我们就会感觉画面的变化非常顺滑。

下面，我们来看看显示器的刷新频率是多少。如图3-1-16所示，我们在屏幕上单击鼠标右键，找到“屏幕分辨率”菜单，单击它，就可以看到如图3-1-17所示的界面，在这里，我们可以看到显示器的基本信息，比如分辨率（也就是上节我们聊到的像素数）。

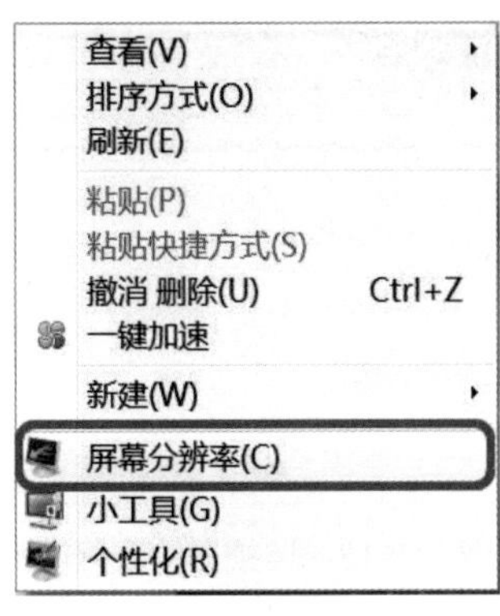

图3-1-16 查看屏幕分辨率

图3-1-17 显示器属性界面

接着，我们单击“高级设置”按钮，就可以看到如图3-1-18所示的监视器信息，在这里我们可以看到显示器刷新的频率。默认的刷新频率是60赫兹，在这个频率下，我们人类的眼睛是感觉不到屏幕刷新的。

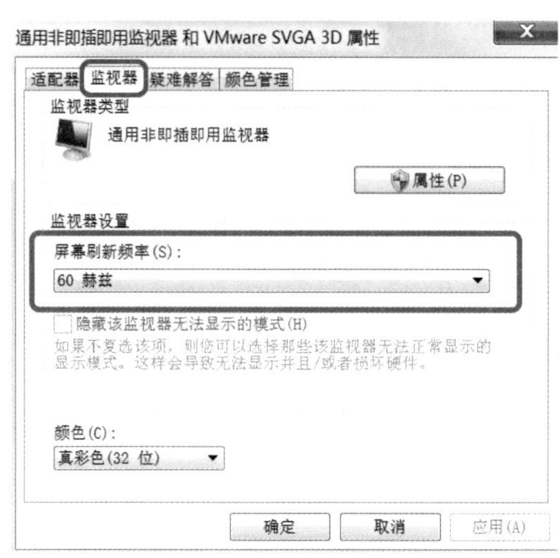

图3-1-18　监视器设置界面

讲清楚了视频的显示原理，我们再来看看怎么把视频转换成计算机的二进制语言。

一个很简单的思路是：既然视频是由图片构成的，那是不是我们把每一帧的图片转换成数字，然后把它们串联起来就可以了？确实，视频就是这样被转换成数字的。

当然，这里还是有一个问题：动动你聪明的小脑瓜想一想，如果1秒钟的视频要用24幅图片来呈现，那一个小时的视频就要用到86400幅图片，这个数据量太大了，我们得想办法压缩视频才行。跟压缩图片一样，压缩视频的方法叫作**“视频的编码”**。视频编码的方式有很多种国际标准，比如mp4、avi等。

下面，我们来介绍一种常用的视频编码方式。

为了让视频看起来足够流畅，相邻的每一帧图片的差异都很小，这样在快速切换帧的时候，人眼才能感知不到图片的切换。那么，我们就可以利用这一点来进行视频的压缩。

比如，我们可以挑选一系列帧作为主帧，主帧后的几帧可以不完全记录整幅图片的数据，只需要记录它跟主帧差异的数据就可以，因为相邻帧的差异很小，所以所需的数据量就很小，这样就达到了压缩数据的目的。

你还能想到其他更好的压缩数据的办法吗？动动脑筋想一想吧！

怎么描述声音？

我们继续来聊计算机是怎么展示音频的。你也许已经猜到答案了——把音频转化成二进制数字就可以了。可是要怎么把声音转换成数字呢？

你有没有想过，声音是怎么产生的？

小朋友们，你们有没有玩过乐器？比如图3-1-19所示的钟、小提琴和钢琴，你有没有想过，它们的声音是怎么产生的？

图3-1-19 各类乐器

钟靠敲击产生声音，小提琴靠拉动琴弦产生声音，钢琴靠敲击内部琴弦产生声音。它们三者其实是有共性的，都是通过物体的震动来产生声音。

震动是怎么产生声音的呢？大家有没有玩过这样的游戏：当我们把石子丢到水中的时候，水面上就会出现一层层的波纹，如图

3-1-20所示，我们叫它水波。同理，当物体在空气中震动的时候，也会掀起一层层的波纹，我们叫它**“声波”**，只不过声波是我们肉眼无法看到的。

图3-1-20　水波

如果我们把声波形象地画出来，就是如图3-1-21所示的样子。声波可以在气体、液体和固体中传播，传到我们耳朵里就被我们的大脑识别为声音。跟水波一样，距离越远，波动越弱，声音越小。

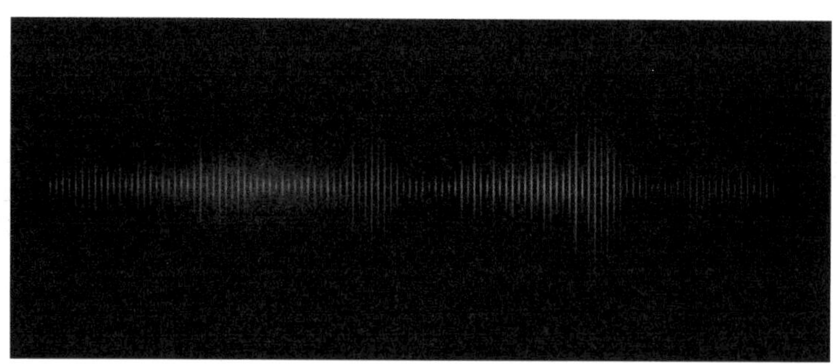

图3-1-21　声波的记录

现在我们了解了声音产生的原理。那么，我们该怎么将声音转化成数字呢？

既然声音的本质是一种波，那只需要用数字记录下波的形状就可以了。简单来说，就是记录下每一个时间点波的大小，如图3-1-22所示。

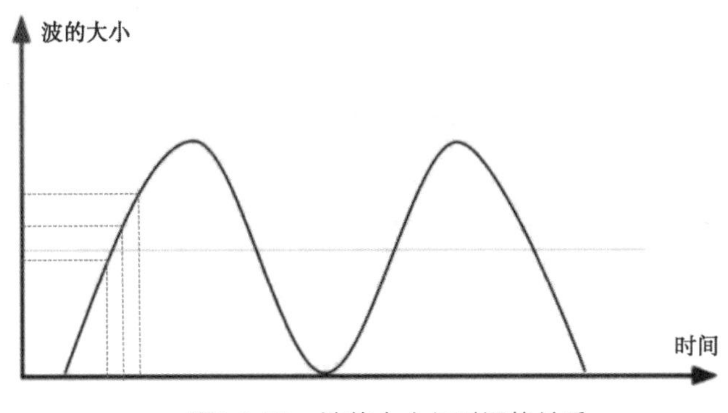

图3-1-22 波的大小与时间的关系

要想把波记录下来，就会遇到两个棘手的问题。第一个问题是怎么来描述波的大小，也就是竖轴的数值；第二个问题是多长时间记录一次，也就是横轴的数值。下面，我们分别来看看怎么解决这两个问题。

先来看第一个问题。还记得图像是怎么转换成数字的吗？我们用红、绿、蓝三种基础颜色的值来表示一个像素的颜色，每个基础颜色的值都用一个字节的二进制数字来代表。同理，我们也可以用一个字节的二进制数字来表示波动的大小。二进制数字范围越大，也就是字节越多，表示的波的大小就越精确，声音就越接近原声。但是字节数越多，数据量就越大。这个字节数我们叫它**“采样位数”**。

再来看看第二个问题：多长时间记录一次波的大小？这个时间间隔当然越小越好，因为间隔越小，对波形的刻画就越精细，声音也就越接近原声。但是，间隔越小，描述一个波形所需的数据量就越大。一秒钟内记录的次数我们叫它**“采样频率”**。那么，采样频率到底选取多少最合适呢？

在解决这个问题之前，我们先来了解一下声音的频率。没错，声音本身是有频率的，波形总是从最高点（波峰）转到最低点（波谷），然后再转到最高点，然后不断地重复这个过程。波形在一秒钟内重复的次数就是声音的频率。很容易理解，我们的采样频率至少是声音本身最高频率的四倍以上才可以，因为只有这样才能记录下整个波形的形状，如果采样频率太低，无法记录波峰或波谷，整个波形的形状就丢失了。

人类声音的频率

人类声音的频率是多少呢？男女的声音频率是不一样的，男低音的频率最低，大概在100 Hz左右；女高音的频率最高，能达到1000 Hz左右。当然，一段声音中的频率不是固定不变的，比如在我们唱歌时，有时候音调和缓，有时候音调激昂，频率因此会有高低变化。

所以针对不同的声音和场景，我们可以选择不同的采样位数和采样频率，以达到最好的效果。我们平时听的CD音质的音乐，其采样频率一般能达到44.1 kHz（1 kHz=1000 Hz），采用位数能达到16比特，这样才能保证音乐的播放效果足够好；我们听的调频广播的效果就稍微差一些，因为其采样频率一般为22.05 kHz，采样位数一般为16比特；在电话场景中我们对声音的要求是最低的，一般我们采用8 kHz的采样频率、8比特的采样位数就够了。

现在我们了解了采样位数和采样频率的概念。我们把每次采样取到的数字记录下来，就得到了整个声音的数据，也就完成了从音频到数字的转化。

音频也面临着数据量过大的问题，为了压缩数据，人们同样创造了很多种编码方式，包括我们最熟悉的MP3格式。MP3是最常用的音频编码标准之一，具体的压缩方式很复杂，我们只讲其中的一种思路。

我们人类能够听到的声音集中在一个频率范围之内，因此，我们可以针对这一特点进行优化。比如，我们可以牺牲掉部分更高频率的声音片段，将采样频率和位数变小，但是并不影响收听效果。采样频率和位数的降低会大幅减少数据量。这种压缩方式会损失一部分声音，所以也被称为**“有损压缩”**。

怎么完成一个任务

我们知道，计算机语言就是用二进制数字来描述外界形形色色的事物。下面，我们来看看计算机是怎么描述动作和逻辑的，以及它是怎么帮助我们完成各种任务的吧。

什么是动作呢？想想我们平时说的话，比如“快跑”“交作业”“一起玩”等，这些都是指令性的语言，听到这些话我们就会做出相应的反应。那么，计算机是怎么表达这些动作的呢？

其实，计算机是不理解这些动作的，就像我们前面讲过的，计算机的世界里只有数字。计算机能做的思考，只能是对数字的计算，也就是我们常用的加、减、乘、除、比大小等，运算之后的结果也是一个数字，这就需要我们把数字转化成动作。

那么，到底要怎么把数字转化成动作呢？其实很简单。CPU是通过电子元器件来进行运算的，运算后的结果也是通过电路输送出来的，比方说我们运算的结果是二进制数字10，那么这个结果会通过CPU的针脚被传输出来，简单来说，就是一个针脚带电，用于表示“1”，另一个针脚不带电，用于表示“0”。

那么，我们就可以通过电路来控制相应的动作。比如说，我要控制灯泡的开关，就可以将每个针脚连接一个灯泡，然后通过数字来控制各个灯的开关。这样，数字就跟动作结合了起来。

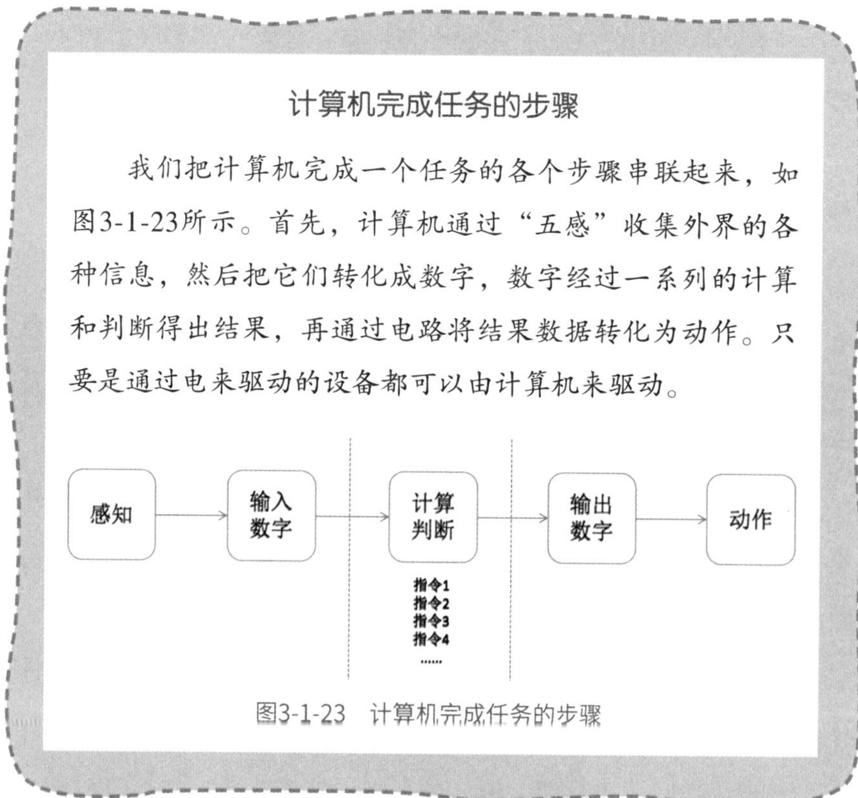

计算机完成任务的步骤

我们把计算机完成一个任务的各个步骤串联起来，如图3-1-23所示。首先，计算机通过“五感”收集外界的各种信息，然后把它们转化成数字，数字经过一系列的计算和判断得出结果，再通过电路将结果数据转化为动作。只要是通过电来驱动的设备都可以由计算机来驱动。

图3-1-23　计算机完成任务的步骤

当然在实际生活中，计算机能够完成的任务要复杂得多，但它们的原理都是一样的，只要是通过电来运转的设备，计算机都可以进行控制。计算机通过集成电路来表达各种各样的动作。

说完了动作，我们再来看看什么是逻辑。简单来说，逻辑就是推理判断的过程。比如当我们说“如果……就……”的时候，其实就是在完成一个推理过程。对计算机来说，它的语言是二进制的数字，它只懂数字，所以，计算机的逻辑就是对数字的计算和判断。

计算和判断就像我们大脑的思考过程，并不是一蹴而就的，而是一步步完成的，我们管每个要做的步骤叫作**“指令”**。

计算机的CPU一次只能执行一条指令，一个任务包含一系列的指令。这一系列指令就叫作**“程序”**。

我们下面举个例子来完整描述计算机完成任务的过程。比如，我对家里的智能音箱说：“小智。”智能音箱回答我：“我在，你好。”我们来看一下这个过程是怎么进行的，都需要用到哪些指令。

指令1：不停地录制声音。智能音箱要不间断地录制声音，这样才能及时捕捉到我们对它的呼唤。

指令2：将声音转化成数字，并存储到内存中。这个过程我们在前文聊过。

指令3：把录制的音频数字，跟我们预存的音频“小智”对应的数字进行比较。如果两个值相等，就执行指令4；如果两个值不相等，就重复执行指令1。

指令4：将“我在，你好”从数字转化成音频，播放出来。

根据这个例子，我们来总结一下指令到底是什么。

首先，指令是一个片段，是CPU一次能够执行的运算，计算机需要完成一系列的指令才能完成一项任务。

其次，指令的执行顺序是动态的，是可以根据逻辑判断结果来调整的。比如上述例子中的指令3，它可以根据判断结果来选择下一个指令。

最后，指令需要不停地被执行。计算机为了保证“随叫随到”，只要运行起来，就要不中断地执行指令，比如上述例子中的指令1。

指令是怎样被计算机理解的呢？没错，指令也得转化成计算机的数字语言，这个过程跟前文我们聊过的图像、视频、音频等是一样的，也需要找到一个对应关系，并制定一个大家都认可的国际标准。因为指令最终都需要由CPU来执行，所以指令的标准一般都跟CPU的架构和型号有关系。

比如，我们常听到的X86指令集，就是一套指令的对应标准，它是英特尔公司为其第一块16位CPU（型号为8086）专门设计的。因为我们的台式计算机基本上都在用英特尔的CPU，所以，X86指令集是大多数台式计算机采用的通用标准。

我们下面来看看这个指令标准到底是什么样子的。我们以X86指令集为例，做一个简化的说明。16位意味着每次传递给CPU的指令是一个16比特的数字，比如“00000000 00000000”，所谓的标准，就是我们要商量好，这16个位置中的每个位置都代表着什么。

比如，我们想做两个数字的加法，我们可以定义，16位的前6位代表一个数字，第7位到第10位代表加、减、乘、除等运算符号，最后6位代表另一个数字，如图3-1-24的例子所示，前6位的数字是“101011”，7到10位的数字是“1011”（我们规定它代表乘法），最后6位数是“111111”，这个例子就代表“101011×111111”。这样，当CPU接收到这个指令的时候，就知道怎么运行了。当然，我们这里只是简化给大家说明，实际情况要复杂得多。

前6位						7到10位				最后6位					
1	0	1	0	1	1	1	0	1	1	1	1	1	1	1	1
101011						1011				111111					

图3-1-24　定义1个16位数字

了解了指令集的概念后我们就会知道，不同的指令集之间是不能互通的，指令集是跟CPU绑定的，不同的CPU往往有自己独特的能力。这样我们就能理解为什么台式计算机上的程序无法直接在手机上运行了，就是因为它们使用的CPU不一样，指令集也不一样，所以没有办法通用。

那么，请小朋友们思考一下，动作和逻辑与指令集又是什么关系呢?

第 2 节　计算机是怎样运转起来的?

我们已经认识了计算机的各个组成部分，那么，它们是怎么运转起来的呢?

就像我们人类从出生的第一天就开始呼吸一样，计算机从启动的那一刻开始，各个部分就运转起来了。我们都知道计算机是依照指令来运行的，也就是说，计算机在启动的过程中，就有一些基础的指令在运行。这些指令让计算机的各个部位得以正常运转，以便让计算机做好准备，等待被人类使用。

这些神秘的指令藏在哪儿呢？如图3-2-1所示，它们在主板的ROM里。我们来解释一下什么是ROM。之前我们聊过内存（RAM，Random Access Memory，随机存取存储器）。那么ROM是什么呢？没错，ROM（Read-Only Memory，只读存储器）也是一种内存，只不过它在制作的过程中，就被写入了数据，而且这些数据只能被读取，不能被修改。

图3-2-1　主板上的ROM

在个人电脑中，这些指令构成的系统就是**“BIOS系统”**（Basic Input/Output System，基本输入/输出系统）。它是个人电脑的业界标准，也是由大家共同商定的。

这个BIOS系统提供了什么功能呢？它是我们整个电脑启动之后第一个被执行的指令，它提供了计算机各个部位自检的功能，也就

```
Aptio Setup Utility - Copyright (C) 2013 American Megatrends, Inc.
Main

System Information
BIOS Revision                 A08
BIOS Build Date               06/29/2015

System Name                   Inspiron 3847
System Time                   [22:39:27]
System Date                   [Wed 11/04/2020]

Service Tag                   BJT6BC2
Asset Tag                     None

Processor Information
Processor Type                Intel(R) Core(TM) i5-4460 CPU @ 3.20GHz
Processor ID                  306c3
Processor Core Count          4
Processor L1 Cache            256 KB
Processor L2 Cache            1024 KB
Processor L3 Cache            6144 KB

Memory Information
Memory Installed              8192 MB
Memory Available              8160 MB
Memory Running Speed          1600 Mhz
Memory Technology             DDR3
```

图3-2-2　BIOS系统的界面

是开机后，先逐个检查各个部位是否正常，如果出现了故障，它就会发出声音提醒我们。同时，它还会为计算机各个部件之间的协作做好准备。我们可以把BIOS系统理解为我们人体的呼吸、消化、神经等系统，它为整个计算机的稳定运行提供了基本的保障。

那么，我们在哪里可以看到这个BIOS系统呢？以台式计算机为例，在我们开机的过程中，按下键盘上的F2键就可以看到它了。如图3-2-2所示，这就是BIOS系统的界面，我们可以在这里看到计算机每个部件的详细信息，也可以做一些基本的配置。

第 3 节 探秘操作系统

什么是操作系统?

光有BIOS系统还不够，你想想看，我们可以在电脑上一边玩游戏、一边听音乐，这些应用程序会同时被执行，但是计算机只有一个CPU、一块内存和一张网卡，怎么让这些应用程序同时运行，又不互相“打架”呢?

这就需要用到另外一个系统，它就是**“操作系统”**。计算机在BIOS系统执行完毕后，就开始加载操作系统的指令。小朋友，你听说过哪些操作系统呢?

最被大家熟知的可能就是Windows操作系统了，大多数的台式计算机、笔记本电脑安装的都是这个系统；再就是苹果的iOS和安卓操作系统，它们是目前手机上常用的两种操作系统。

我们知道BIOS系统存储在ROM里，那么操作系统的指令存放在哪里呢?我们经常会说“安装操作系统”，是的，有时候计算机在出厂时是没有安装操作系统的，需要我们自己来安装。那么，操作系统要安装在哪里，又是怎么安装的呢？

当我们安装操作系统时，一般要先找到一张安装光盘或U盘，如图3-3-1所示。

图3-3-1　操作系统安装光盘

这个光盘或U盘里存放了操作系统的所有指令以及安装的程序。我们怎么让BIOS知道我们要安装这个操作系统呢？这就需要进入BIOS系统的界面进行设置。我们在开机的过程中，按下键盘上的F2键，就可以进入BIOS的设置界面，如图3-3-2所示，找到这个界面，我们就可以设置启动的硬盘了。

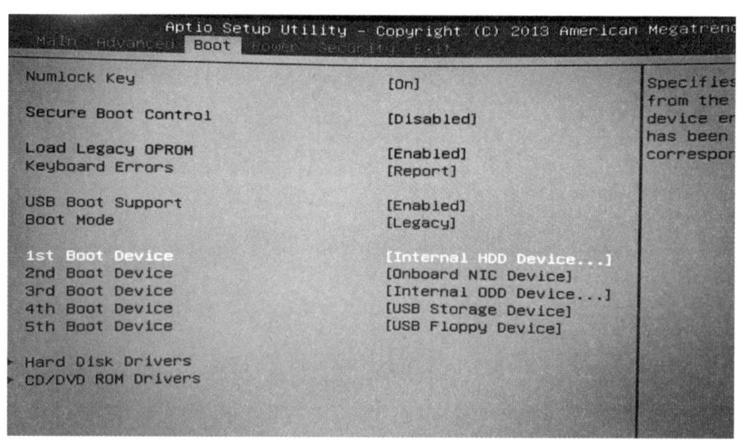

图3-3-2　设置启动硬盘

等我们设置完成之后，BIOS启动完毕，计算机就开始从这个硬盘加载程序。比如，我们设置的启动硬盘是光盘，那么光盘中的安装程序就会被CPU加载和执行，并出现类似的操作系统安装界面，如图3-3-3所示，我们可以按照程序给出的提示，一步步将操作系统安装到硬盘中。

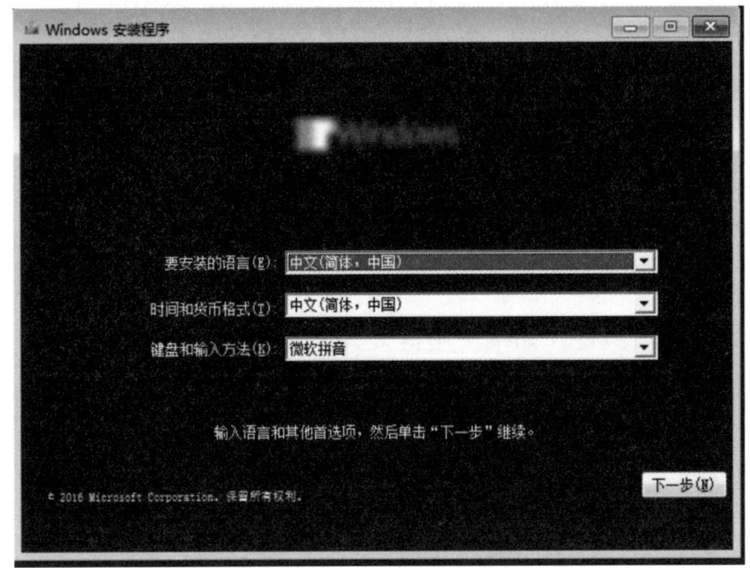

图3-3-3 Windows操作系统安装界面

安装操作系统是一个漫长的过程，通常需要半个小时到一个小时，这是因为操作系统的指令实在是太多了，它的功能也非常复杂。

下面，就让我们走进操作系统，探寻它内部的秘密吧。

想使用CPU？请排队

首先，我们来看第一个秘密。CPU是计算机的“大脑”，1台计算机只有1个CPU，但是，在我们使用计算机的时候，往往会同时使用多个应用程序，比如玩游戏的同时听音乐，或者查看网页，等等。那么，这么多的应用程序是如何共同使用同一个CPU呢？

其实，我们日常生活中也有类似的情况。比如，我们在快餐店点餐的时候，有很多人和我们一样也要点餐，但是服务人员只有几个人，没办法同时给大家点餐，那该怎么办呢？大家可以排好队，一个一个地依次去点餐，让服务人员一次只服务一个顾客。

CPU也是这样，它没办法同时服务那么多应用程序，所以应用程序们要排队使用CPU。

但是这样又出现了一个问题。使用应用程序不像点餐，点完就结束了，我们在玩游戏的时候会玩很久，这就要求游戏应用程序持续占用CPU。但是，如果占用得太久，其他的应用程序就没法正常运行了，比如播放音乐的应用程序，当它不能正常使用CPU时，我们听到的音乐就会断断续续的。

所以要想解决这个问题，每个应用程序占用CPU的时间就不能太久，应该要足够短才行，最好短到我们人类感知不到，这样频繁地切换，无论我们玩游戏还是听音乐，都是流畅的。CPU内部还真有一个像闹钟一样的装置，它为每个应用程序设定了一个时间，到时间了就把这个应用程序赶走，让其他应用程序使用CPU。

另外，每个应用程序的优先级也是不一样的。什么是优先级呢？就是它要占用CPU的紧迫程度。就像医院就有专门的急诊，在这里，人们为了照顾病情更重、更急迫的人，会让他插队，先去看病。

CPU也是如此。假如我们同时打开了办公、游戏和音乐程序，但当下我们正在玩游戏，办公软件界面并没有在屏幕上显示，很显然，为了有更好的游戏体验，应该让游戏程序更多地占用CPU，因为此刻它的优先级最高，这样才能保障我们的游戏体验足够顺畅。

下面，我们来看看操作系统具体是怎样实现这些功能的。

首先，操作系统要为CPU建立一个“账本”（专业术语称为“数据结构”），这个账本是数字化的，被记录在内存中。账本上记录的是什么呢？就是当前CPU正在运行的程序，以及还在排队中的程序。当然，一个应用程序可能会被打开多次，为了区分它们，我们为正在运行中的程序起了一个名字，叫作**“进程”**，一个程序可以对应多个进程。也就是说，CPU账本里记录的就是当前正在运行的进程，以及排队中的进程。

其次，我们也要为每个进程建立一个账本。这个账本记录什么呢？它要记录当前这个进程运行的是哪个应用程序，以及当前正在运行的指令的位置。为什么要记录指令运行的位置呢？因为如果我们的进程被别的进程打断了，下次再占用CPU的时候，我们就可以从这个位置继续执行。比如我们常用的音乐应用，都有一个待播放的音乐列表，这个列表就是一个小账本。这个账本我们要经常翻阅，所以它也被记录在内存中。

最后，我们怎么来管理这么多排队的进程呢？就像现实生活中我们排队坐公交车一样，还需要有一个管理员才行，这个管理员就是操作系统自己的进程。这个进程非常特殊，我们叫它**“0号进程”**，它只有一个任务，就是管理好操作系统的各个账本，做好协调工作。

下面，我们就来看看这个0号进程是怎样管理好其他进程的。

首先，0号进程虽然功能特殊，但是它跟其他进程一样，都有一系列指令需要执行，这些指令藏在操作系统本身的代码里。0号进程被执行时，也需要占用CPU。

那么CPU怎样切换不同的进程呢？CPU中的“闹钟”为每个进程都设定了一个执行时间，时间到了就要停止这个进程的执行，然后把执行权交给0号进程。

0号进程这时就来翻看CPU的账本，查看当前排队的各个进程的信息，按照每个进程的优先级，重新排列顺序，然后取出优先级排名最高的进程，把CPU交给这个进程使用。

以此类推，这样就会不断地有新进程得到执行，然后“小闹钟”中断这个进程，把CPU让给0号进程，0号进程重新给大家排队，整个过程循环往复。

那么，我们可不可以查看这些账本呢？当然可以。我们以Windows系统为例，如图3-3-4所示，在状态栏上单击鼠标右键，就能看到“启动任务管理器”的菜单，单击它就打开了任务管理器这个应用程序，它可以帮助我们查看这些账本。

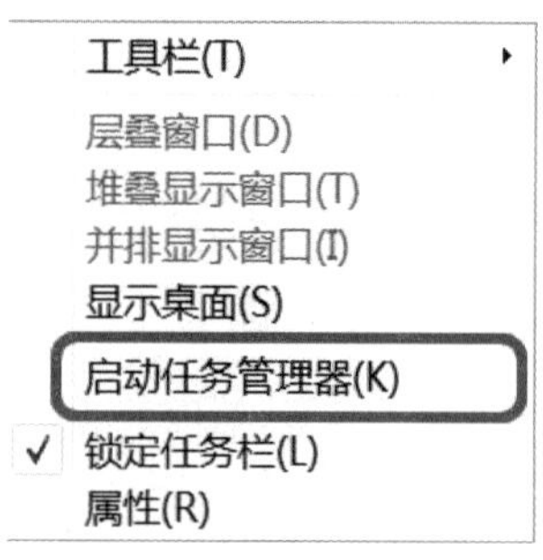

图3-3-4　启动任务管理器

如图3-3-5所示，在任务管理器里，我们可以看到操作系统的各种“小账本”。比如当前CPU的使用率、内存的使用率，等等。

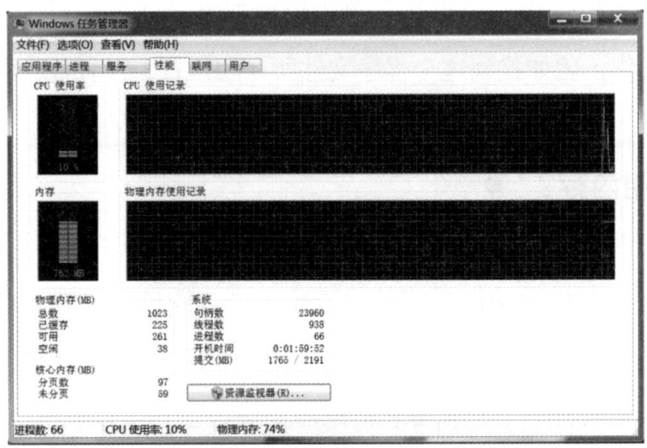

图3-3-5　任务管理器界面

我们单击“进程”这一栏，如图3-3-6所示，就可以看到“进程”这个账本的所有信息了，比如，这个进程执行的是哪个程序，是哪个用户在执行，对CPU和内存的占用率有多少，以及对进程的功能的描述，等等。

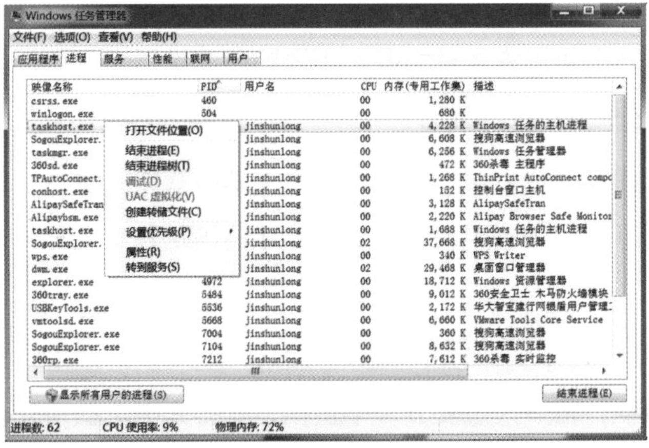

图3-3-6　任务管理器——进程

如果我们选中一个进程，单击鼠标右键，还可以对这个进程进行各种操作，比如找到这个程序文件所在的位置、设置优先级等。

怎样共用内存？

我们再来看看操作系统的第二个秘密。跟CPU一样，计算机的内存也只有一个，这么多应用程序怎样共享同一个内存呢？

我们先来看一下，有哪些信息需要被记录到内存里。

首先是操作系统和每个程序的指令。CPU每时每刻都需要执行指令，所以，指令需要提前加载到内存中，方便CPU快速读取。

其次是操作系统和每个进程的小账本信息。

最后是每个进程在执行过程中使用的临时数据。举个例子，比如我们要统计整个年级的人数，我们可能需要挨个班级去算，先算完一个班，把这个班的总人数记录下来，然后再去计算下一个班，最后将各个班的总人数加起来就得到了整个年级的总人数。在这个过程中，每个班的人数就是我们需要临时记录下来的数据，在计算完成后我们就不需要它们了。

现在我们清楚了这三类需要记录下来的数据。但是，内存只有一个，而且空间是有限的，到底怎样才能满足各个进程的这三类需求呢？

首先，如何分割内存是很有讲究的。这是什么意思呢？就像过生日切蛋糕，很多人想要分一个蛋糕，就得先把蛋糕切开。切蛋糕不能切得大小不一，不然拿到小块蛋糕的人会不开心；同时，也不能切得太大，否则不够将其分给所有人，分不到蛋糕的人也会不开心。

分割内存也是一样的道理。分割后每部分不仅大小得一样，还得足够小，足够大家分配。为了搞定这件事情，操作系统还得再加一个小账本。这个小账本要记录两类信息，一类是整个内存的分割信息，比如将其分成了多少块、每一块的地址等；另一类是分配给每个进程的内存信息，比如，每个进程分配的内存块数、每一块的地址等。有了这些信息，我们才能做好内存的管理。

其次，就像进程管理一样，内存管理也需要一个专门的进程，也就是说内存管理也得有一个“管理员”，而且这个管理员只能由操作系统来担任。当有进程需要占用内存的时候，它就通知操作系统的内存管理员，这个管理员负责查看内存的小账本，为所有进程分配内存空间，并记录下来。

最后，光分配还不行，因为内存空间是很宝贵的，进程一旦用完就要及时收回来，如果大家都不交还，内存很快就会被用光。这里就有一个难题：已经分配出去的内存是否需要归还，只有进程自己知道，如果它忘记归还该怎么办呢？所以，操作系统的管理员进程还要监督各个进程对内存的使用情况，如果某个进程申请了过多的内存，但是迟迟不归还，那么操作系统就要主动关闭这个进程，把分配给它的内存收回来。

怎样高效利用计算机部件？

除了内存和CPU，计算机的很多部件也只有一份，比如用于跟其他计算机沟通的网卡、展示信息的显示器等。我们怎么协调不同的应用程序同时使用这些部件呢？

其实道理都是一样的，要想将这些部件高效地利用起来，就必须有一个管理员来对其统筹分配和使用，而这个管理员就是操作系统。

下面，我们以网卡为例，给大家介绍这个过程。

想想我们平时是怎样使用计算机的？我们可能一边玩着游戏，一边听着音乐，无论是游戏的程序还是音乐的程序，它们可能都需要访问互联网，也就是说需要使用网卡去跟远方的其他计算机通信。那么该怎样协调它们呢？

网卡上有自己的芯片、CPU和内存，它们都只服务于网卡。

我们来打个比方，网卡与其他计算机远程通信的过程其实很像我们寄送和收取包裹。大家有寄送需求的时候就可以通知邮局，告诉邮局想要发送的物品和收件地址，邮局来统一安排每个包裹的优先级，包裹如果是急件，就会被排在前面。收取包裹的时候也是如此，包裹会先被送到邮局，然后邮局再根据地址一一送货上门。

操作系统这个管理员就是邮局，也在做类似的事情。当有进程想要发送数据的时候，进程会将数据和地址信息告知网络管理员，网络管理员就用一个小账本记录每个包裹的信息，同时记录各个包裹的任务列表，将这些包裹进行优先级排序，然后将这些信息通知给网卡的CPU和内存，网卡的CPU就根据这个账本上的排序来发送数据。

网卡有自己的CPU和内存，当远程计算机给我们发送数据时，网卡会先将这些数据暂存到自己的内存中，同时通知操作系统的网络管理员，网络管理员根据发送者提供的地址，将这些数据通知对应的应用程序进程。当然，网络管理员要想知道哪个数据应该给哪个进程，就要为每个进程分配一个地址，并将其记录到账本上，这样当它接收到数据的时候，才能知道应该给谁“送货上门”。这个地址到底是什么呢?我们后面再继续聊哦。

其实计算机中其他的设备也是如此,要想充分利用这些设备,就不能放任各个应用程序自由使用。操作系统就是计算机内部的大管家,是各个部件的管理员,有了它的合理安排和分配,计算机才能高效地运转起来。

应用程序之间如何协作?

操作系统是计算机内部的大管家,它需要跟各个应用程序打交道,不同的应用程序之间也需要互相沟通和协作。但是,各个应用程序都是由不同的公司或个人开发的,互相之间是不认识的,要想让它们共同协作,就得由操作系统来做中间人。下面,我们就来聊聊这个话题。

前面我们聊过,应用程序利用计算机的各个资源时都得通过操作系统,比如申请内存或者通过网卡发送数据等,都需要将这个请求发送给操作系统,由操作系统去安排。那么,应用程序怎么通知操作系统呢?

讲CPU时我们聊过,CPU内部有一个小闹钟,它为每一个进程都规定了可以执行的时间,时间到了进程就要把CPU的使用权还给操作系统,由操作系统选出其他进程继续使用CPU。那如果执行时间还没到,但是这个进程有请求需要交给操作系统去做,这该怎么办呢?这时候,CPU还有另外一个机制,那就是**中断**,这个机制可以让当前正在被执行的进程,主动将CPU让给操作系统的进程。我们来举例看一下这个过程。

比如，当前的进程希望发送数据到互联网上，这时它就可以把中断的原因，以及要发送的数据和地址放到与操作系统之前约定的位置，然后主动引发一次中断，将CPU让位给操作系统，操作系统就可以读取这次中断的原因以及相关数据，还会将这个发送请求记录到小账本上，由网卡去发送，同时，记录下引发中断的进程号。

当网卡成功将数据发送后，操作系统就可以在账本中找到该任务对应的进程，将CPU让位给该进程，并将数据发送的结果放到约定的位置。该进程继续执行后，就可以看到数据发送的结果，并根据结果继续执行代码。

在这个过程中我们可以看到，通过中断的机制，操作系统和应用程序完成了一次协作。

计算机是怎么“长大”的？

当我们拿到一台新的手机或计算机的时候，里面往往只安装了操作系统，可用的功能十分有限。比如一台新手机，可能只能打电话、收发短信等。那计算机是怎么变得“无所不能”的呢？它是怎么“长大”的呢？

答案就是人们可以不断在计算机中安装各种各样的应用程序，这些应用程序使计算机具有各种功能。

那么对于这么多的应用程序，我们怎样才能快速地访问和管理呢？这就需要用到操作系统了。

以个人电脑为例，当我们安装完应用程序之后，操作系统会将它们整理到桌面左下角的“开始”按钮里，我们随时都可以通过

“开始”按钮找到它。同时，操作系统还为我们提供了桌面、任务栏、状态栏等方便快捷的方式来使用这些应用程序（任务栏就是屏幕最底部长条的操作区域，状态栏就是屏幕右下角显示各个应用程序小图标的地方）。这些方式大大方便了我们对应用程序的使用。

如图3-3-7所示，我们还可以把常用的应用程序锁定到任务栏，这样我们就可以随时随地在任务栏中找到并启动它。

图3-3-7　把应用程序锁定到任务栏

除了使应用程序的访问更方便以外，操作系统还为我们提供了对于各个计算机部件的访问方法，比如硬盘，如图3-3-8所示，我们可以通过文件浏览器访问硬盘，我们可以看到当前硬盘的大小，也可以创建文件夹，还可以将数据进行分类整理等，十分方便。

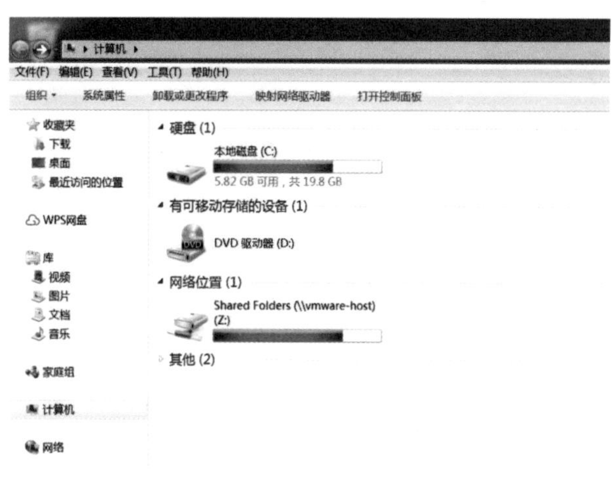

图3-3-8　计算机硬盘界面

对计算机来说，操作系统只是它的最初状态，各种各样的应用程序扩大了计算机的能力范围，让它可以帮助我们完成各种各样的事情。操作系统是计算机的大管家，各种应用程序都通过它来使用计算机的各个部件。

小朋友们，动手时间到了，你能试着在计算机上安装一个应用程序吗？试试使用任务栏吧。

那么，应用程序又是怎么被编写出来的呢？我们在第4章再继续聊一聊。

第 4 章

嗨！计算机，能请你帮个忙吗？

微信、WPS、支付宝……手机和电脑上有这么多应用程序，我们可以用它们聊天、写文章、买东西……你有没有想过，它们到底是怎么被开发出来的呢？现在，我们就来探究一下这个问题。

计算机每安装一个应用程序，就好像我们要计算机帮我们一个忙一样，但计算机只能听懂二进制数字，我们要是跟他们说："嗨！你能帮我个忙吗？"它其实完全不知道我们在说什么，那该怎么办呢？

人们发明了一个很厉害的东西——**编程语言**，编程语言可以将人类的语言翻译成计算机能听懂的数字语言，有了它，就像给计算机戴上了"人类语言翻译器"，这样它就能听懂我们的要求了！

编程语言是介于人类语言和计算机数字语言之间的语言，编写它还是有难度的，所以，工程师们为我们准备了两个编程的"秘密武器"，虽然它们有点难，但它们是编程里最重要的两件事，只要掌握了它们，我们就能做出很好的应用程序。

下面，让我们开启解密编程语言之旅吧。

本章内容难度比较大，小朋友们看不懂也没关系，你可以找爸爸妈妈帮忙讲解，也可以先跳过，过一段时间再看。不过从本章，你可以了解整个神秘又复杂的编程过程，既烧脑又精彩，建议不要错过哟。

第 1 节　探秘编程语言

我们在第3章聊过，计算机的世界里只有数字，数字就是它们的语言，CPU只认识二进制数字的指令。也就是说，所有的应用程序都是由一堆指令构成的，我们要想编写应用程序，就需要用二进制数字将指令逐一写出来，这个过程就是编程。

很显然，直接写二进制的指令对我们来说太困难了。那该怎么解决这个问题呢？

这就需要我们发明一种语言，既适合人类编写，又能转化成计算机能懂的二进制指令，这就是编程语言。编程语言经历过一段漫长的演变过程。

如图4-1-1所示，这就是我们给早期计算机编写的程序。

打孔的地方代表二进制的“1”，没打孔代表二进制的“0”。我们就这样通过打孔的方式把一组组数字指令告诉了计算机。

这对我们人类来说太难理解和操作了！
关于计算机的这段历史我们后面还会继续聊哦。

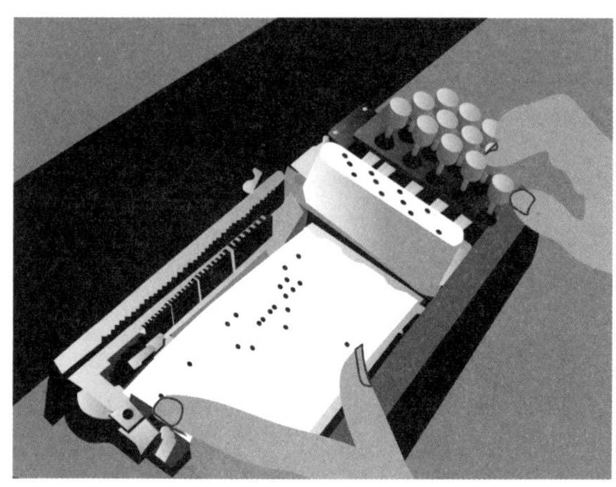

图4-1-1　穿孔卡片式编程示意图

难与易：从汇编语言到HTML

编程语言的种类非常多，比如汇编语言、Java、HTML等，它们都倾向于更贴近人类的语言习惯，但越贴近人类的理解，就越偏离计算机的理解。

其中，**汇编语言**是最容易让计算机理解的编程语言。

如图4-1-2所示，大家可以感受一下，每一行就是一个指令，每一个指令分为三个部分，分别是地址、源程序和注释。注释部分是辅助我们来解读的。汇编语言已经开始使用一些人类的英语单词，比如“MOV”“ADD”等，“MOV”是英文单词“move”的缩写，翻译过来是“移动”的意思，“MOV B，A”的意思就是“将A的数据存到B上”。

```
地址       源程序           注释
          ORG 2000H      ；程序机器码从2000H单元开始存放
LABEL0    EQU 2100H      ；将地址2100H赋给标号LABEL0
LABEL1    EQU 2101H      ；将地址2101H赋给标号LABEL1
LABEL2    EQU 2102H      ；将地址2102H赋给标号LABEL2
2000      MOV A,@DPTR    ；取出加数28送入累加器A
```

图4-1-2 汇编语言

很显然，编写汇编语言需要我们理解大量的CPU内部结构和知识，编写这样的语言是非常烦琐的。但是，汇编语言跟计算机的指令语言非常接近，可以很容易地转化为指令，同时，汇编语言可以对计算机的每个部件做出非常精细的控制。

当然，人类并不满足于这种编程语言。随着编程语言的发展，不断有更适合人类使用的语言被创造出来，比如**Java**。Java里的对象和函数能帮助我们更方便地编程。

图4-1-3展示的就是一段Java的代码片段。Java的代码中已经没有了对CPU的具体控制，取而代之的是大量的英文单词。

我们通过压岁钱的例子来解释一下这段Java语言片段，这里记录了我们收到的压岁钱的明细，包括谁在什么时间给了多少钱，以及最后总金额是多少。图4-1-3的代码片段要实现的功能，就是用Java来记录压岁钱的明细并计算压岁钱的总金额，图4-1-4就是代码执行后的结果。

```
//压岁钱
public class RedPacket {
    public String name;//谁给的压岁钱
    public Date date;//给的日期
    public double money;//给的金额

    //计算压岁钱总金额
    public static double countMoney(List<RedPacket> packets){
        double total = 0d;
        for(RedPacket redPacket : packets){
            total = total + redPacket.money;
        }
        return total;
    }

    //记录下爸爸妈妈给压岁钱的记录，并计算总金额
    public static void main(String[] args) throws ParseException {
        List<RedPacket> redPackets = new ArrayList<RedPacket>();
        //记录下爸爸给的压岁钱
        RedPacket father = new RedPacket();
        father.name = "爸爸";
        father.date = new SimpleDateFormat( pattern: "yyyy-MM-dd").parse( source: "2020-2-1");
        father.money = 200d;
        redPackets.add(father);
        //记录下妈妈给的金额
        RedPacket mother = new RedPacket();
        mother.name = "妈妈";
        mother.date = new SimpleDateFormat( pattern: "yyyy-MM-dd").parse( source: "2020-2-1");
        mother.money = 200d;
        redPackets.add(mother);
        //计算一下压岁钱总金额
        double total = RedPacket.countMoney(redPackets);
        System.out.println("总计:" + total);
    }
}
```

图4-1-3 Java代码片段——压岁钱统计

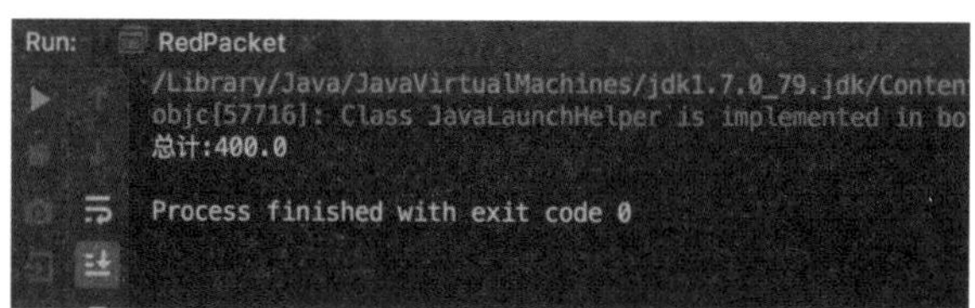

图4-1-4 压岁钱总金额

Java里有两个概念可以大幅降低我们实现这些功能的难度。

第一个概念是**“class”**，翻译过来叫作**“对象”**。对象描述了表4-1中每行都有哪些信息。

表4-1 压岁钱

姓名	日期	金额（元）
爸爸	2020年2月1日	200
妈妈	2020年2月1日	300
总计		500

```
public class RedPacket {
    public String name; //谁给的压岁钱
    public Date date; //给的日期
    public double money; //给的金额
}
```

“RedPacket”是这个对象的英文名字，翻译过来就是“压岁钱”，一条压岁钱的记录中包含了3个信息，分别是谁给的、给的日期和给的金额，直接对应表4-1中的第一行。

```
RedPacket father = new RedPacket(); //创建一条新的压岁钱记录
father.name = "爸爸"; //给压岁钱的人是爸爸
father.date = new SimpleDateFormat("yyyy-MM-dd").parse ("2020-2-1"); //给的日期是2020年2月1日
father.money = 200d; //给的金额是200元
redPackets.add(father); //将这笔压岁钱记录到数组中
```

我们每创建一个RedPacket对象，就相当于创建了一条记录。

第二个概念是**“函数”**，比如图4-1-3中的“public static double countMoney(List<RedPacket> packets)”就是一个函数，可以简称为“countMoney函数”。函数是什么意思呢？就是我们可以把一段功能封装起来，在用到这个功能的地方，直接调用它就行了，不需要再编写代码，重复使用已经写好的代码就可以。countMoney函数就实现了统计压岁钱的功能。

为了更好地理解什么是函数，我们来打个比方。我们家里用到的各种家电，比如电视、冰箱等，其实只需要弄懂说明书，知道怎么使用它们就好，我们不需要知道它们是怎么被制造出来的，更不需要知道它们的内部原理。这些形形色色的家电大大方便了我们的生活，我们不需要掌握那么多知识和技能就能使用。

“函数”就是这样的概念，函数也有自己的说明书，比如“public static double countMoney(List<RedPacket> packets)”，就是countMoney函数的说明书，说明了我们应该怎样使用它。至于它具体是怎样实现的，我们不需要去理解。

函数的应用非常普遍，比如操作系统的设计。操作系统会将应用程序对它的各种请求都封装成函数，比如申请内存、申请使用网卡、申请中断CPU等。每个应用程序都可以使用它们来跟操作系统交互。操作系统的这些函数就叫作**“应用程序接口”**（API，Application Programming Interface）。API大幅降低了应用程序的编写难度。

你看，无论是对象还是函数，都按照我们人类的思考方式简化了编程的过程，大幅提升了编程的效率，这就是编程语言的魅力所在。当然，这样的语言翻译成计算机的指令时会更困难。

编程语言还在不断地发展。除了Java，世界上还有很多的编程语言，它们的抽象层次更高，更接近人类的语言。

比如**HTML**。HTML是“HyperText Markup Language”的首字母缩写，翻译过来就是**“超文本标记语言”**。HTML可不得了，我们看到的所有网页都是用这个语言来编写的。

图4-1-5展示的就是一段HTML代码片段。我们可以看到，HTML基本上是按照页面的排版来编写的，所以我们理解起来非常容易。比如在页面上添加一个图片，只需要编写一个“<img scr=">”标签就可以，这里的“img”就是英文单词“image”的缩写，表示图像。

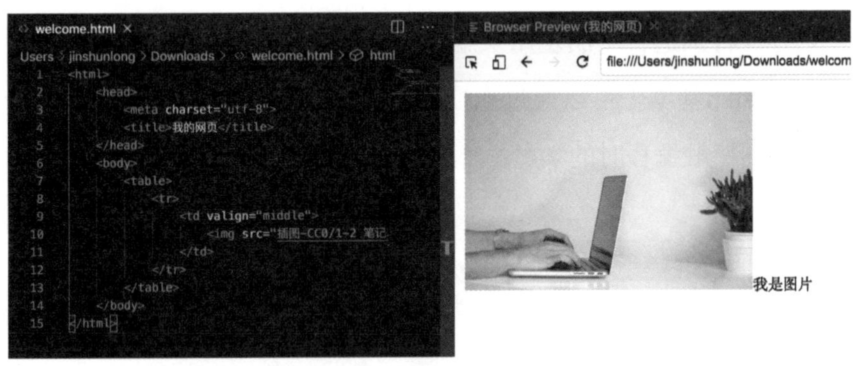

图4-1-5　HTML代码片段

许多网页都是通过HTML来编写的，我们也可以看到网页的源代码哦。小朋友们，动手的时间到了，如图4-1-6所示，我们在一个网页上单击鼠标右键，就可以看到“显示网页源代码”的选项，单击它就可以查看网页的源代码了，小朋友们快去试试吧！

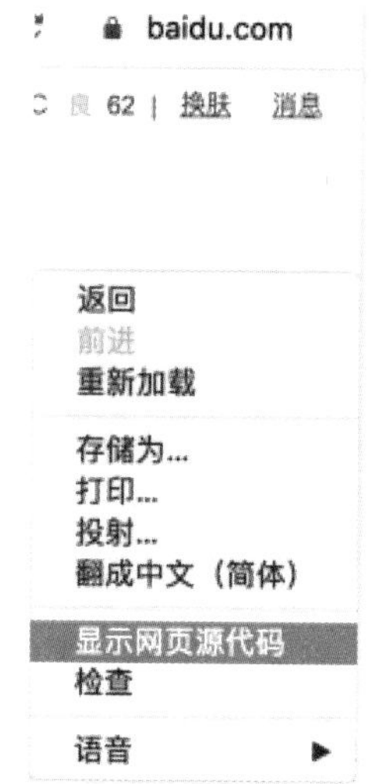

图4-1-6 查看网页的源代码

有种特别适合小朋友用来编程的软件——**Scratch**，如图4-1-7所示。Scratch基本上可以通过拖拽的方式来编写程序，特别适合小朋友们刚刚接触编程时的学习。

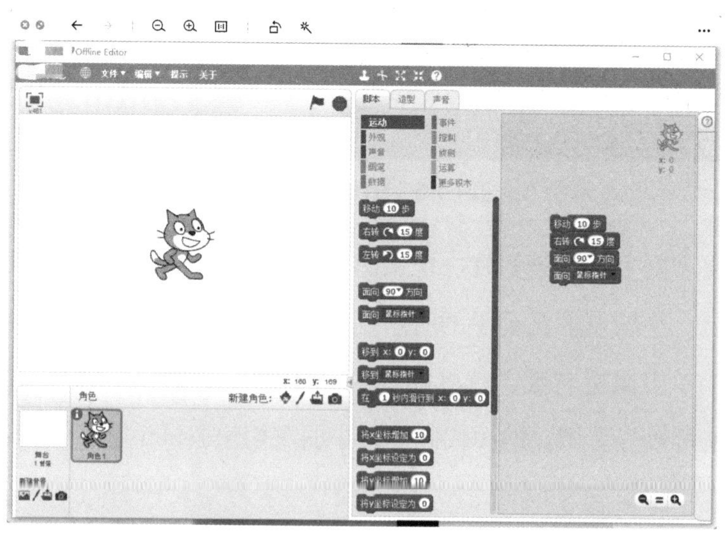

图4-1-7 Scratch语言界面

软件工程师和他们的工具

现在，我们已经了解了什么是编程语言。虽然现在的编程语言越来越人性化，但编写的难度还是很高，所以从事编程的工程师们为了使工作更顺利，开发了各种各样的辅助工具。下面，我们就来探究一下工程师都是怎样工作的吧。

图4-1-8所示的是辅助软件工程师编程的工具，编程工具可以智能地提示即将被编写的单词。当我们打出“bo”这两个字母的时候，工具就会显示出我们可能会拼写的词语，这就大幅提升了我们编写代码的效率和质量。

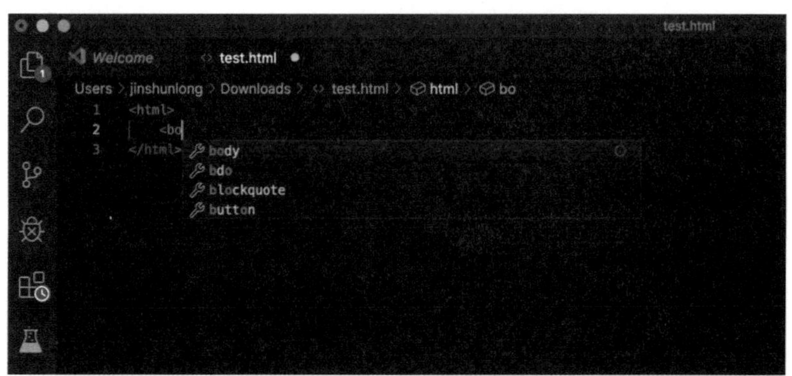

图4-1-8　编写提示功能

编程工具还可以帮助我们“所见即所得”地进行设计。如图4-1-9所示，我们可以拖拽各种“控件”到页面画布上，拖拽成什么样子，最终显示出来就是什么样子。最后编程工具会帮我们把这个页面翻译成相应的代码。这就大大降低了我们编写代码的难度。

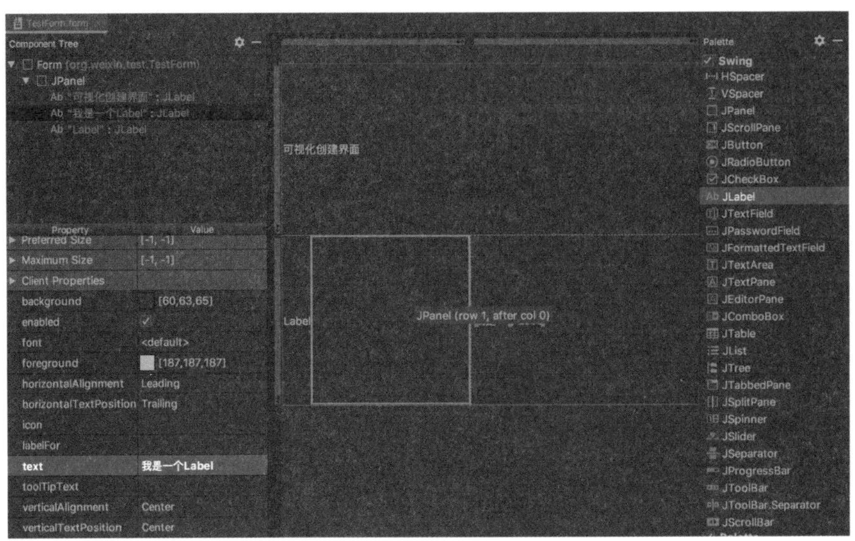

图4-1-9 可视化页面设计

除了这些工具外，软件工程师还为各种编程语言开发了相应的开发工具包，软件开发工具包（SDK，Software Development Kit）。什么是SDK呢？还记得上文我们聊过的函数吗？我们可以将SDK理解为一大堆函数的集合。

这相当于，我们提前用这个编程语言将日常编程中常用的函数编写了出来，统一放到一个包里，这样，大家在编程的过程中就可以直接调用，而不用重新编写。同时，这些函数包都经过了严格的测试，并且被大家反复使用和修正过，所以错误非常少，这就可以大大提升编程的效率和质量。

软件工程师就是这样一群人，他们熟悉计算机的世界，熟悉一种或多种编程语言，可以熟练使用一种或多种编程工具，他们不断打磨自己的编程技能，不断为计算机的世界增添新的应用程序，不断提升计算机的各种能力，他们是计算机最好的朋友。

当然，软件工程师也面临着很大的压力，由于新的编程语言不断出现，他们需要持续不断地学习和提升自己。小朋友们，你们想要从事软件工程师这样的工作吗？

第 2 节　从编程语言到应用程序

代码是如何变成指令的？

编程语言是如何变为计算机能听懂的语言的呢？

计算机是不懂这些代码的，要想让它执行代码，就还得想办法把代码转化成二进制的指令才行，下面我们就来聊一下这个过程。

编程语言和指令之间到底有多大的差异呢？我们来举个例子。比如我们要计算(1+2)+3×4这个算式，我们需要先计算1+2的和，把结果放到内存中，然后计算3×4的积，再把结果放到内存中，然后将两个内存中的数字加载到CPU中进行最后的加和，最后再把结果存放到内存中，计算完毕。此时，1+2和3×4的结果我们就不需要了，需要释放掉这两块内存空间。

你看，如果我们用指令来完成这个简单的算式，那就需要考虑很多内存和CPU的操作问题。而当我们用编程语言来实现它的时候就特别简单，只需要三行代码：

```
var a=1+2
var b=3×4
var c=a+b
```

第一行计算1+2，第二行计算3×4，最后一行计算前两个结果的和。整个计算过程中，编程语言自动为计算结果分配内存，并进行计算，而且在计算完毕后，计算结果所占用的内存空间都会被自动释放。我们不需要关注内存，只需要关注要解决的问题就好。这就是编程语言的威力。

当然，是编程语言在背后充当了桥梁，将我们的代码翻译成了最终的指令。比如说代码："var a=1+2"，翻译之后就变成了申请内存、计算结果、将结果存放到内存中并将内存的地址记录到账本上等操作。每一行简单的代码，都会被翻译成一系列复杂的指令，这就是代码翻译的过程。

那么，编程语言一般在什么时候将代码翻译成指令呢？是写完代码后就立即翻译吗？也不是，通常有三种方式，下面，我们就来分别介绍一下吧。

第一种方式，我们叫它**"解释执行"**。什么意思呢？以互联网上的网页为例，网页使用的编程语言是HTML和JavaScript，互联网上每一个网页的代码都是没有被翻译成指令的，所以都是"源代码"，它靠浏览器软件被执行，浏览器读取源代码，将其解析成一个个浏览器可以执行的命令，最终完成执行，为我们呈现出丰富多彩的网页效果。

这种方式的好处显而易见，只要有浏览器软件，就可以运行这种语言。所以，用这种语言开发的软件适应性特别强，可以在各种计算机上运行。借助HTML和JavaScript的这种特性，我们在手机、台式计算机、智能设备等各类计算机上都可以访问互联网上的内容。当然，这种方式也有缺点，那就是每次执行的时候，都需要对代码进行解析，然后再逐个执行，因此它的执行效率比较低。

我们再来看一下第二种方式，我们叫它**“编译执行”**，意思是说，当我们编写完代码之后，紧接着通过工具直接翻译成二进制的指令，这个翻译的过程就叫编译。每一种编程语言都提供了对应的编译工具，帮助我们将代码翻译成指令。这个编译完的代码会被打包成安装包，我们台式计算机、手机上的各种软件就是通过这种安装包安装的。

这种执行方式有什么好处呢？因为代码直接被编译成了指令，所以在运行的过程中不需要解析，执行效率很高。我们在手机、计算机上安装的各种软件都是这样编译后的指令。

那么，这种方式有没有缺点呢？确实是有的，因为不同类型计算机的指令标准是不一样的，比如手机上的程序无法在台式计算机上运行；同时，不一样的操作系统，程序也不能互相兼容，比如安卓手机上的应用不能在苹果手机上安装和运行。所以，我们要想在各种计算机和操作系统上都运行同一个软件，就需要针对不同的计算机和操作系统重新编写代码，这对工程师来说是一件非常麻烦的事情。

第三种方式集合了前两者的优点，它就是**“半编译半解释”**的方式。什么意思呢？就是我们不直接将代码编译成指令，而是编译成一种中间代码，这个中间代码接近指令的样子，但又是通用的，不会限制在一种指令标准上。这样，两者的好处就凸显了出来，首先，中间代码接近指令，所以在实际执行的过程中，解析速度会比较快，同时中间代码还可以在各种计算机上通用。这种方案就是前两种方式的折中选择。

世界上很多的事情都是这样，很难有十全十美的解决方案，我们需要根据具体问题，做出合适的选择。小朋友们可以想一想，在生活中有没有碰到过类似的问题呢?

代码是如何运行起来的？

将编程语言翻译为二进制语言后，CPU总算能听懂我们说的是什么了，那么现在就只剩最后一步——把它们打包成安装文件，这样就可以在计算机上安装和运行了！

这些指令代码是怎么打包成安装文件的呢？安装完的应用程序又是怎么运行起来的呢？下面，我们就来聊一下这个话题。

我们还是以Windows系统为例，先来看看一个软件是如何被安装的。小朋友们，你可以用家里的电脑跟着我一起操作哦。

首先，我们要下载对应的安装程序，这里我们以Chrome浏览器为例。Chrome是谷歌公司开发的浏览器软件，我们可以去Chrome的官方网站下载。如图4-2-1所示，这就是Chrome的安装程序。然后，我们用鼠标双击这个安装程序，稍等一会儿，我们就将Chrome浏览器安装到我们的计算机上了。

图4-2-1　Chrome安装程序

这时，我们就能在计算机的桌面上看到Chrome的图标了，同时，单击桌面左下角开始菜单，打开程序目录，也能看到Chrome的图标。

那么，这一切都是怎么完成的呢？我们先来看看这个安装文件有什么特殊之处吧。用鼠标右键单击这个安装文件，就能看到如图4-2-2所示的菜单。单击“属性”，就会弹出如图4-2-3所示的窗口，在这里我们就可以看到Chrome安装程序文件的各种信息了。我们可

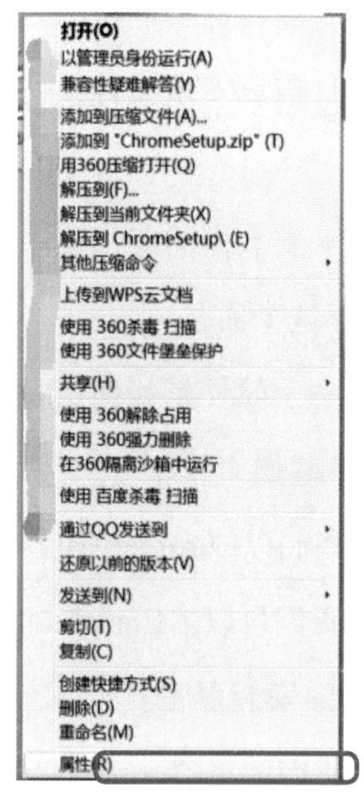

图4-2-2　鼠标右键单击Chrome 安装程序文件

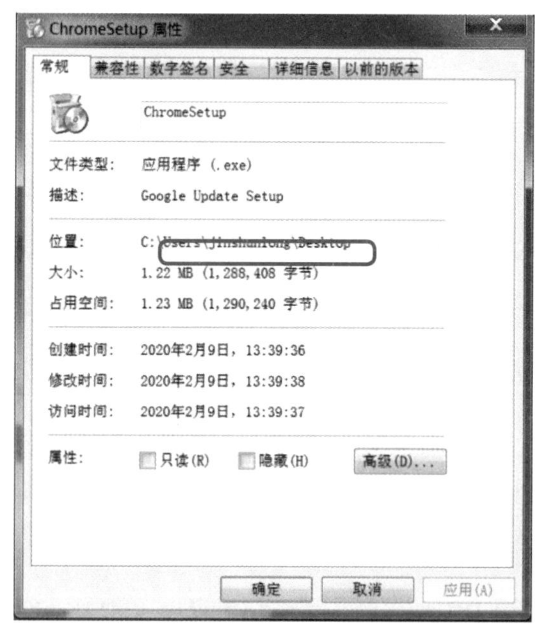

图4-2-3　查看Chrome安装程序文件属性

以看到，文件类型一栏显示为“应用程序（.exe）”，这就意味着这个Chrome安装程序文件是一个可执行的文件。

什么叫“可执行”呢？意思就是当我们用鼠标左键双击这个文件的时候，计算机就可以执行这个文件的代码。那么，操作系统是怎么知道这个文件是可执行的呢？其实很简单，操作系统内部做了一个简单的约定，只要一个文件名的后缀是“.exe”，就将它看作是可执行的。同理，如果一个文件名的后缀是“.jpg”或者“.mp3”，操作系统就会将其看作图片或者音乐。

这么多种文件名后缀，计算机是怎么记住的呢？其实很简单，操作系统维护着一个小账本，这个账本记录了每个文件名后缀对应的文件类型，碰到不同的文件类型，操作系统就会采取不同的动作。

我们能不能偷看一下这个小账本呢？当然没问题。我们还是以Windows操作系统为例，这个小账本就是“**注册表**”。在查看注册表之前大家一定要注意，注册表是操作系统中最重要的小账本，它记录了操作系统运行所需的所有核心信息，**千万不要随意修改它，一旦修改错误，就可能会造成操作系统的崩溃**。

下面，我们就来看一下怎么查看Windows操作系统的注册表。如图4-2-4所示，我们用鼠标左键单击桌面左下角的开始按钮，在“搜索文件和程序”输入框里输入“regedit”，这样就能查到用于查看注册表的工具了。

图4-2-4　搜索regedit程序

单击“regedit”这个程序，就能看到如图4-2-5所示的界面，这就是操作系统的核心账本。在这里，我们可以看到操作系统绝大多数的小秘密。再次强调一下，**千万不要随便修改它，否则可能会造成整个系统的崩溃**。

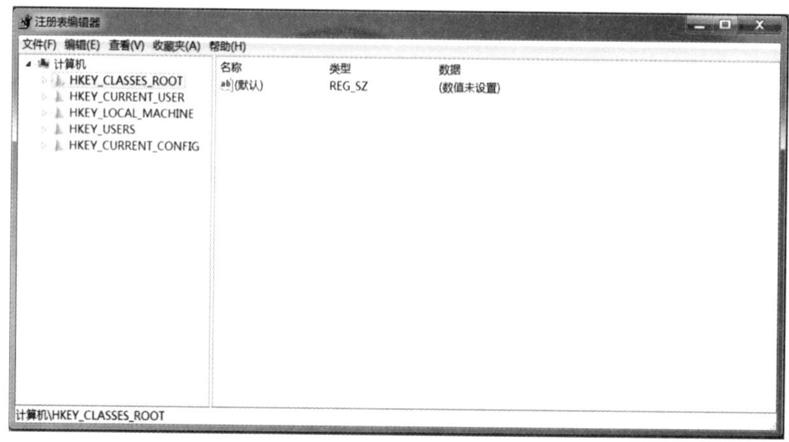

图4-2-5　注册表编辑器界面

接着，我们打开“HKEY_CLASSES_ROOT”这个目录，就能看到操作系统对每个文件名后缀的处理情况了。如图4-2-6所示，我们找到“.jpeg”目录，就能看到操作系统对“.jpeg”的处理信息。操作系统会将这个后缀的文件看作图片，并用图片对应的应用程序来打开它。

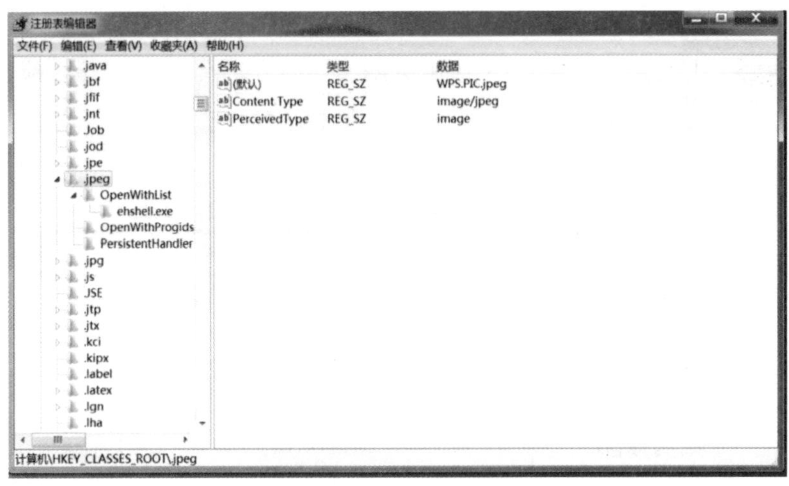

图4-2-6　.jpeg后缀

除了在注册表里可以看到文件名后缀与文件类型的关联关系以外，我们还可以通过如图4-2-7所示的方式查看。我们在一个图片上单击鼠标右键，选择“属性”，在属性弹窗里可以看到“打开方式”一栏。当我们用鼠标左键双击这个文件的时候，操作系统会根据你设定的打开方式打开这个文件。在图4-2-7的示例中，操作系统会使用“Windows 照片查看器”来打开这个图片。

同理，“.exe”文件的后缀在其中也有记录，操作系统会将这类文件看作可执行的文件。当然，一个可执行的程序文件既包括指令代码，又包括各种资源文件，比如图标、这个程序的账本信息等，所以我们还得和操作系统约定好，文件的哪部分是代码，哪部分是资源文件，这个约定就是可执行文件的格式标准。例如，对exe文件来说，这个格式标准叫作**“可移植可执行”**（**Portable Executable，PE**）文件格式。

图4-2-7　查看文件打开方式

如图4-2-8所示，这是一个exe文件里的内容格式。exe文件内容是一堆二进制的数字，文件格式定义了每一位数字所代表的意思。小朋友们，看不懂它们也没关系，因为我们不用了解这些具体的信息。我们只需要记住，所谓的文件格式，其实就是跟操作系统之间的约定，也就是说要告诉操作系统文件中哪部分是代码、哪部分是资源文件就可以了。

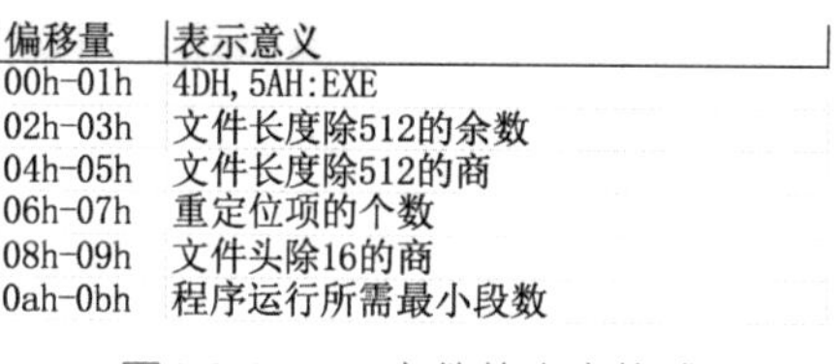

偏移量	表示意义
00h-01h	4DH, 5AH:EXE
02h-03h	文件长度除512的余数
04h-05h	文件长度除512的商
06h-07h	重定位项的个数
08h-09h	文件头除16的商
0ah-0bh	程序运行所需最小段数

图4-2-8　exe文件的内容格式

好了，下面我们来还原一下当我们打开一个exe文件的时候，操作系统对它的整个处理过程。

首先，操作系统会拿着这个文件名后缀去翻阅注册表，找到这个文件名后缀对应的文件类型，然后根据文件类型启动相应的程序。比如exe文件是可执行文件，操作系统就会为这个程序创建一个新的进程，并将其记录到自己的小账本上，然后按照exe的文件格式，找到其中的指令代码，并将这些代码加载到内存中，同时将内存中的地址记录到这个进程的信息里，最后再让CPU去执行这个进程。这样，这些代码就被执行起来了。

Chrome安装程序本身也是一个可执行文件，操作系统会执行其中的代码。我们会将最终要安装的程序文件打包在这个文件里，当安装程序的代码被执行的时候，它就会将被打包的应用程序文件放置到操作系统指定的文件目录中，并且为这个程序创建应用程序的图标，方便我们在开始菜单或桌面中找到这个程序。这就是操作系统在安装程序的整个过程中要做的事情。

安装应用程序为什么要做这些事情呢？我们都知道，操作系统为了方便我们使用计算机，为我们提供了许多方便的功能，比如Windows系统的桌面、开始菜单等。安装应用程序就是为了将应用程序的文件放置到操作系统指定的地方，这样我们就可以用统一、熟悉的方式使用这些新安装的应用程序了。

第 3 节　如何编写网页？

上节我们已经知道了编程语言是怎样变成计算机语言的，以及一个应用程序是如何运行起来的。下面，我们就来看看编程语言是如何被编写的。

动手试一次

在开始之前，我先跟大家介绍一个学习编程的窍门。编程是一个操作性很强的工作，我们可以充分地发挥想象力，设计出各种奇妙的软件。学习它最好的方式就是不断地动手练习。

那我们应该选择哪一门编程语言来学习呢？这里我推荐选择HTML和JavaScript编程语言。

为什么选择它们呢？因为它们的应用非常广泛，我们在网上看到的许多网页都是用它们开发的，同时，它们的语法十分人性化，难度比较适宜，并且网上有各种各样的学习资源，方便大家动手搜索、自主学习。

为什么我不给大家推荐Scratch之类的编程语言来学习呢？虽然Scratch是拖拽式、可视化的，非常适合小朋友们作为编程的入门语言进行学习。但是，在真实的工程师世界中，代码式的编程仍然是主流，我想让大家感受一下编程的过程，并且理解编程语言中最重要的两件事情。到底是哪两件事情呢？我们现在先卖个关子。

HTML语言我们在前文已经讲解过了，通过编写HTML语言可以方便地定义一个页面的展示，所以下面我们就来解释下什么是JavaScript语言。

JavaScript语言是HTML默认的内置脚本语言，它和HTML是有分工的，HTML语言用于页面布局和描述版式，JavaScript脚本则具备操纵页面元素的能力，两者的结合给我们创造了丰富多彩的网络世界。

工欲善其事，必先利其器。在开始编程之前，让我们先准备好编程所需的工具软件吧。对HTML和JavaScript编程语言来说，编程不需要特别复杂的工具，甚至连Windows系统自带的记事本都可以进行编写，如图4-3-1所示。当然，我们也可以使用更加智能的编程工具，比如微软公司出品的Visual Studio Code，如图4-3-2所示。

图4-3-1　Windows系统自带的记事本

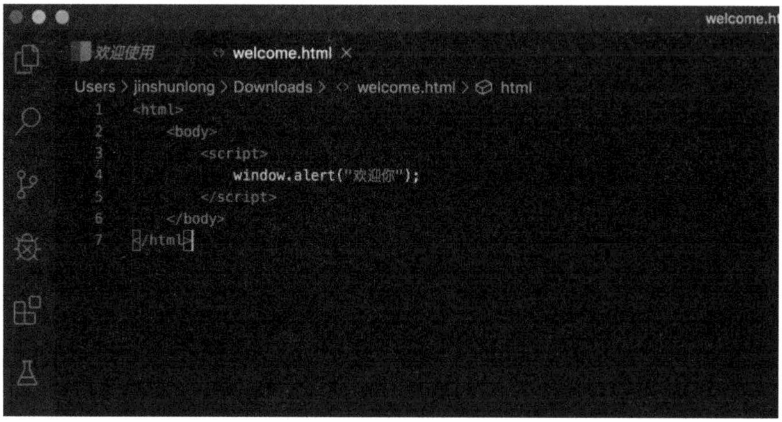

图4-3-2　Visual Studio Code界面

小朋友们，动手时间到了，大家可以利用我们前文讲过的方法去下载并安装Visual Studio Code软件。提示一下，当我们不知道去哪里下载的时候，求助搜索引擎是一个好办法哦。

在大家都安装完毕后，我们来看一下第一段代码。

```
<html>
    <body>
        <script>
            window.alert("欢迎你");
        </script>
    </body>
</html>
```

大家可以把这段代码抄写到自己的文件中，然后保存该文件，并将文件名的后缀改为“.html”，如图4-3-3所示。这里我给文件起名为

“welcome.html”，“welcome”翻译过来就是“欢迎”的意思。为什么后缀一定要是“.html”呢？我们稍后揭晓答案。

welcome.html

图4-3-3　welcome.html文件

文件保存成功以后，我们用鼠标左键双击该文件，就可以用浏览器打开它，如图4-3-4所示。打开该文件后，这段代码就会被执行，并显示“欢迎你”的弹窗。

图4-3-4　运行welcome.html文件

我们来详细解释一下这段代码。如图4-3-5所示，代码中的每个标签都是成对出现的，每对标签都声明了这一部分的内容有什么样的意义。<html>和</html>标签代表了页面内容的开始和结束；<body>和</body>标签中间包括的是页面中的正文代码；<script>和</script>标签则用于说明里面是JavaScript脚本代码段，浏览器会执行这段代码。

图4-3-5　HTML代码片段详解

再来看代码“window.alert()”，它可以弹出对话框，并在对话框中显示括号内的文字。我们把“欢迎你”放在括号中，当浏览器执行这段代码后，就会显示“欢迎你”的字样。

怎么样？编写网页是不是也没有我们想象的复杂呢？小朋友们，一定要动手试一下哦。

下面，我们继续深入学习，探秘编程中最重要的两件事情——数据结构和算法。

怎么记录“小账本”？

还记得操作系统内部的各种小账本吗？我们该怎么用编程语言来表示它们呢？下面，我们就来聊一下对编程语言来说最重要的两件事情之一——**数据结构**。

什么是数据结构呢？顾名思义，就是数据在内存中存储的结构。就像我们在整理物品时，往往会把常用的物品放到一个地方，把不常用的放到另一个地方；在常用的物品中，小物件放到一堆，大物件放到另一堆。这么整理可以让我们在未来使用它们的时候快速找到。这种安排就是一种结构，它是为了满足我们未来使用的方便性而设计的一种安排方式。

下面我们来看看实际的例子，以操作系统中管理进程的小账本为例。还记得吗？我们为了管理排队等待使用CPU的进程，制作了一个进程的列表，这个列表中按照优先级排列着各个进程及其信息，这些信息包括进程的编号、名称、应用程序代码的地址等。想想看，我们怎么在内存中存储这种类型的数据呢？怎么存储才能让我们对它们的使用更加方便呢？

这就引出了我们最常使用的一类数据结构，它们专门用来存储列表数据。我们通常用两种数据结构来支撑这一类型的数据。第一种叫作**“数组”**。

如表4-2所示，数组会将数据平铺，占据一块连续的内存空间，通俗地说就是将数据一个挨一个地存在内存中，这也是我们最自然能想到的存储方式。

表4-2 数组示意表

1	2	3	4	5	6
编号	编号	编号	编号	编号	编号
名称	名称	名称	名称	名称	名称
……	……	……	……	……	……

这种方式的好处就是读取数据非常简单和高效。只要我们知道数据在哪个数组，我们就知道了这块数据的具体地址，这样就可以直接访问这块数据了。

当然，数组的缺点也十分明显，那就是当我们往数组中存入新数据的时候，如果没有空闲的内存，就没办法写入。这时候，我们需要创建一个更大空间的数组，将原有数组中的数据迁移过来，然后使用新的大数组来存储数据。所以，当我们使用数组的时候，一般要预先留好足够大的空间，提前将所需的空间申请出来，方便未来继续添加数据。

当我们需要在数组中间的某个位置插入数据时也很麻烦，因为前后两边都已经有数据了，我们需要将插入位置后面的所有数据都往后挪一个位置，才能插入新的数据。

那么该怎样解决这些问题呢？其实还得依靠新的数据结构，那就是**“链表”**。顾名思义，链表就是每块数据之间不是紧挨着存储，而是通过“锁链”互相链接起来，我们在每个数据块中都放置一个数据指向下一块的地址，这样就让所有数据块都连接了起来，如图4-3-6所示。

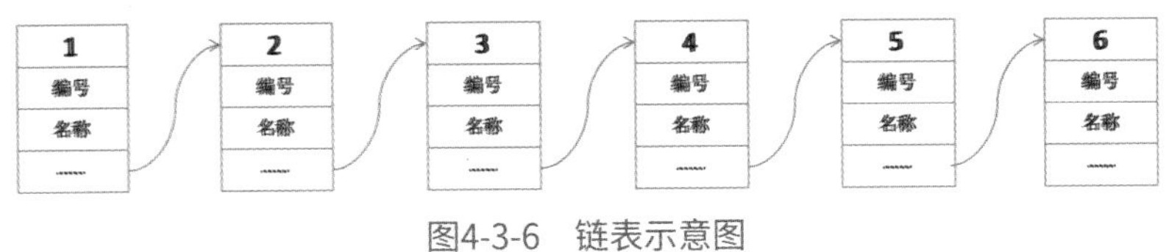

图4-3-6　链表示意图

链表有什么好处呢？它很好地解决了数组的问题，也就是说我们不需要提前准备存储空间。如果要新增数据块，或需要在某个位置插入新的数据块，不需要像数组那样重新创建新的数组，只需要在插入的位置将锁链断开，同时将前一个数据块的链接地址指向新的数据块，然后将新数据块的链接地址指向后面的数据块就可以了。如图4-3-7所示，我们在节点3和4之间插入节点3.1，只需要将节点3指向节点3.1，同时将节点3.1指向节点4就可以了。

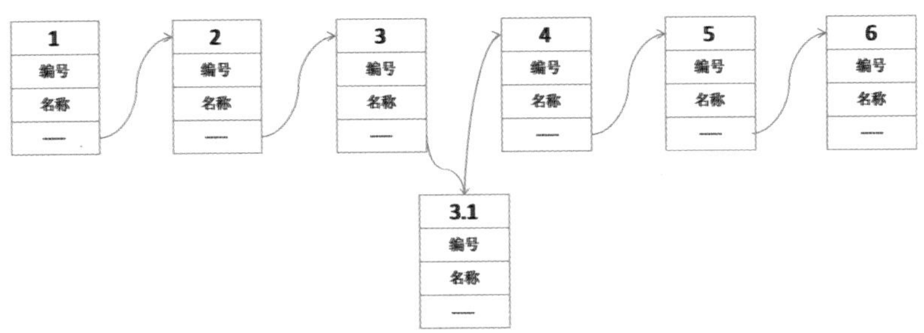

图4-3-7　在链表中插入新节点

当然，天下没有免费的午餐，链表也有它自己的问题，即我们不能像数组那样，直接通过数据在数组中的位置来直接访问数据，而是需要从头**“遍历”**链表，即沿着链表的方向，从节点1开始，一直跟踪到节点6，这样才能找到我们想要的数据。

我们来总结一下。为了制作各种“小账本”，我们采用了各种各样的数据结构。本小节我们介绍了列表式数据的两种数据结构——数组和链表，两者各有各的优缺点，我们需要根据实际情况来选用。

随着小账本的数据越来越多，查找变得越来越困难。有没有更好的方式来查询小账本呢？有的，我们可以给这些小账本建立索引。下面，我们就来聊一下这个话题。

什么是索引呢？举个例子，比如我们常用的汉语字典。汉字的数量实在是太多了，而我们经常需要在字典里查找某个汉字，那么，怎么才能快速找到它们呢？我们来看看字典是怎么做的。字典用每个汉字的拼音首字母作索引，按照字母顺序进行排序。比如当我们查找“中”字的时候，因为“中”的汉语拼音是“zhōng”，所以，我们先找到“z”所在的页码范围，然后再在这些页面范围内找“h”所在的页码，层层递进，这样就可以迅速缩小页码范围，快速找到“中”这个字。

同样的道理，我们也可以给账本建立索引，从而加快查找速度。那么，具体该怎么做呢？

首先，我们得先确定需要用什么东西来充当索引。索引的选取是有规律的，比如我们在学校会被分配到不同的班级里，每个班级的人数差不多，当我们要找某位同学时，只要知道他在哪个班级，就能很快找到他，如果班级之间人数差别很大，当我们要在一个人数很多（比如上千人）的班级里找一个同学时就很难找，效率低。所以，选取索引的基本要求是，要让索引对账本的分配平均一些。

我们还是以管理进程的小账本为例。我们可以将进程的编号作为索引。编号都是数字，数字又是有无限多个的，那该怎么设置索引呢？我们可以选取0到9作为索引的范围；超过9的部分，可以将编号除以10，将余数作为它的索引。比如说，一个进程的编号是13，13除以10的余数是3，那么这个进程的索引就是3。

这样，我们就给所有的进程都找到了相应的索引。一个索引项目下有很多进程，我们可以用列表将这些进程保存下来。

接着，我们得找到合适的数据结构来支撑索引。如图4-3-8所示，索引项从0到9一共有10项，我们用数组将它们存储下来。同时，每个索引下都有一个进程的列表，这个列表的数量是逐渐增多的，所以，我们用链表来保存它们。最终，索引的数据结构就用数组和链表搭建了起来。

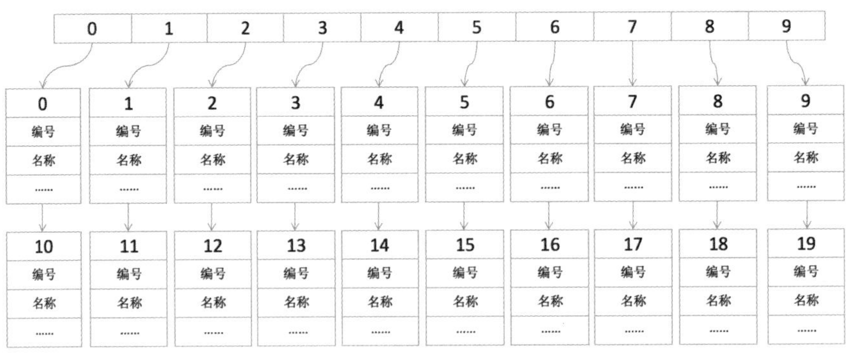

图4-3-8　索引数据结构

下面我们就来看一看，我们是如何通过这种数据结构加快查找速度的。比如说，我们要查找编号为17的进程，我们用17除以10得到余数7，所以这个进程的索引是7，这就锁定了余数为7的所有进程列表，然后遍历这个列表，第二个就是编号为17的进程。你看，通过这样的数据结构，我们只需要三步就找到了该进程，这样的数据结构大幅提升了我们的查找效率。

好的数据结构要有如下几个特点。一是占用空间要适当，因为毕竟各种存储设备都是有成本的，而且存取速度越快的设备价格越高；二是使用效率要高，有的使用场景可能要求查找的速度要快，有的使用场景可能要求插入、修改的速度要快。我们要根据具体的使用场景，权衡空间和效率，找到或设计最适合的数据结构。

怎么“算账”？

前面我们聊了编程中最重要的一件事——数据结构，下面，我们就来聊一聊另一件重要的事——**算法**。

什么是算法呢？顾名思义，就是我们完成一个任务所采用的方法。还是以操作系统的进程小账本为例，操作系统为了管理CPU的使用，将每个需要使用CPU的进程都记录到一个列表账本上，每次分配CPU的时候，我们都需要将进程按照优先级重新排序，然后将CPU分配给优先级最高的进程。那么，怎么将这个进程列表按照优先级进行排序呢？这个排序的方法就是算法。

我们将进程的优先级用0到9来表示，数字越小，代表的优先级就越高。如图4-3-9所示，我们用每个进程的优先级数字组成了一个数组，我们只需要将数组按照大小进行排序，就完成了这个任务。

0	1	2	3	7	5	6	9	8	4

图4-3-9　待排序的列表

那么，我们该怎么给这个数组进行排序呢？排序的算法可不止一种。当然，跟数据结构一样，不同的算法有各自的优缺点。我们先来看第一种，也是最直接的方法，那就是创建一个新的数组，用于存放排完序的列表。如图4-3-10所示，红颜色的数组就是我们创建的新数组。

0	1	2	3	7	5	6	9	8	4
0									
0	1								
0	1	2							
0	1	2	3						
0	1	2	3	4					
0	1	2	3	4	5				
0	1	2	3	4	5	6			
0	1	2	3	4	5	6	7		
0	1	2	3	4	5	6	7	8	
0	1	2	3	4	5	6	7	8	9

图4-3-10　简单排序算法

我们依次找到原有数组中最小的数字，将它添加到新的数组中。首先，我们遍历整个数组，找到当下最小的数字0，然后将0放置到新数组的第一个格子里。然后，继续遍历旧的数组，找到剩下数字当中最小的数字，那就是1，然后把1放到数组的第二个格子里，再继续找除了0和1以外最小的数字……就这样，我们依次找到第三、第四小的数字，直到将新的数组填满。最后，图4-3-10中最底部的数组就是我们最终排好序的列表。

虽然思路比较简单，但是这种方法也是一种算法。那么，这种算法有什么优缺点呢？优点是非常好理解，因为它就是依次把最小的数字填到新的数组里而已。大家不要以为“好理解”就不是优点，我们平时使用的各种软件，都是由很多工程师合作开发完成的，在合作的过程中，好理解的代码更容易让其他人参与进来，可以让大家的协作更加顺畅，从而提升代码的整体质量。

当然，缺点也很明显。第一个缺点是，我们需要再创建一个完整的数组，这会占用比较大的内存空间。同时，每次找最小的数字都需要重新遍历旧的数组，如果要排序10个数字，我们就需要遍历10次，也就是要进行10×10=100次的计算。计算的次数越多，就越浪费CPU的资源。那有没有办法改进这个算法呢？

当然是有的，算法和数据结构都需要根据要解决的问题，不断地进行优化。下面，我们就来优化一下这个算法。比如，我们可以优化这个算法占用的内存空间。我们其实不用创建一个完整的新数组，在旧数组的基础上完成排序的任务也可以。

我们可以依次对数组中相邻的数字进行两两比较。如果两个数字当中，后面的数字比前面的数字小，我们就把两者进行对调；反之，我们就继续比较下一组数字。比如图中数组最开始的两个数字是0和1，前面的0比后面的1小，我们就继续比较1和2，然后是2和3、3和7等，依此类推。

如图4-3-11所示，我们依次对数组中的相邻数字进行比较，当我们比较到7和5的时候，发现5比7要小，这样就需要将两者对调。此时我们不需要创建完整的数组，只需要创建存储一个数字的空间，借助这个空间就可以完成7和5的对调——我们先将7放置到新的空间中，然后将原来7的位置设置为5，最后，将新空间中的7放置到5原来的位置。

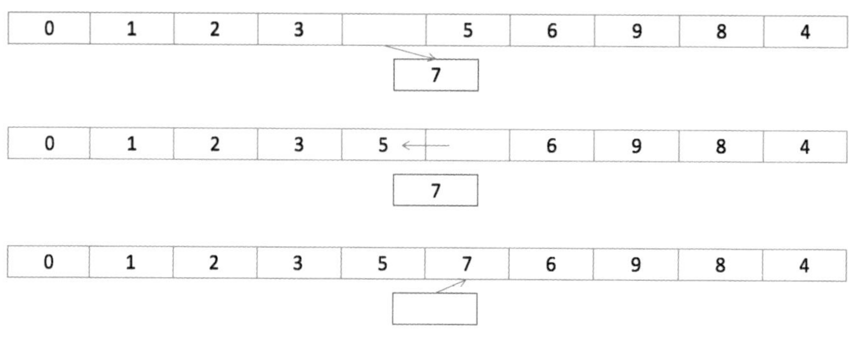

图4-3-11　优化简单排序算法

在完成了7和5的对调后，我们再继续往下进行比较。在7和6中，6小于7，所以我们继续将其对调；比较7和9，这个符合要求，位置保持不变；我们继续比较9和8，判断这个需要对调。按照这种方法，我们把9放置到了数组的最后，如图4-3-12所示。

通过这种比较，最大的数字总会被放置到数组的最后。然后，我们将9所在的位置留下，对0到4这9个数字的数组重复刚才的过程。最终，我们可以仅仅依靠一个数字空间，就实现整个数组的排序。最大的数字就像水底的气泡一样，一点点漂浮出来，所以这种算法被称为**“冒泡排序算法”**。

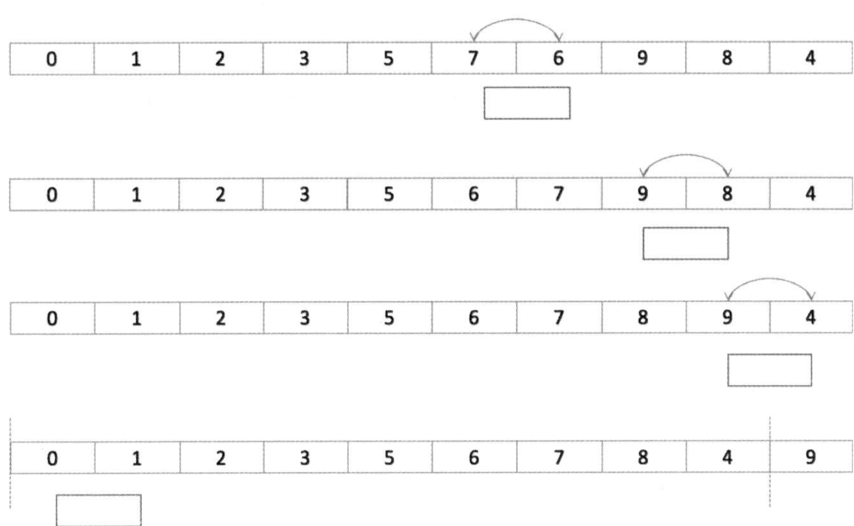

图4-3-12　冒泡排序算法

因为我们每次遍历数组，都将最大的数字放置到了数组的最后，这样下次需要遍历的数组就变小了，所以我们共需要比较9+8+7+6+5+4+3+2+1=45次。

对比简单排序算法，冒泡排序算法的优点有两个：其一是占用的空间较小，只需要一个存储单元就够了；其二是计算的次数少，差不多比上一个算法减少了一半。好的算法会让我们事半功倍，大幅提升计算效率。当然，冒泡排序算法也还有非常大的提升空间。

数据结构和算法是编程中最重要的两件事情，它们相辅相成，共同完成计算任务。同时，不同的数据结构和算法有着不同的优缺点，我们可以针对自己要解决的问题，不断地进行优化。

到这里，我们就讲完了人们与计算机交流的整个过程，我们了解了计算机的语言，也了解了如何编写这些语言，还了解了编写后的语言是怎样变成计算机的指令的，以及最终指令是如何运行的。下面，我们来总结一下。

在计算机的世界里，它们的语言就是数字中的“0”和“1”，它们用数字来描述万事万物。我们要想跟它们交流，就得学会二进制的数字语言。但是，直接编写二进制的数字语言实在太困难了，于是人类发明了各种各样的编程语言，用更接近人类语言的方式来编写代码，最终通过编译或解析翻译成计算机的二进制指令。计算机是通过操作系统来协调各个部件并维持正常运行的。我们编写的代码需要被打包成安装程序，并按照操作系统的要求进行安装，才能为大家所用。

第 5 章
了解计算机的大家庭

我们已经知道计算机的种类各异，它们是一个大家庭，它们有自己的语言、分工、社区以及交流方式。下面，让我们走进这个大家庭，认识更多的计算机朋友吧！

本章我们会介绍计算机大家庭的发展历史、各种不同计算机的分工，以及它们是如何高效地协作来撑起当今这个互联网时代的。

第1节　计算机的历史

在我们开始了解计算机这个庞杂的大家庭之前，我们先来聊聊计算机的历史，看看计算机是怎么一步步演变成今天这个样子的。

计算机并不是凭空产生的，它是人们为了解决日常生活中遇到的问题而被发明出来的。其实，我们中国的算盘就被一些人认为是一种计算机，如图5-1-1所示。在古代，算盘是商家算账必备的设备，打算盘也是各家掌柜必学的技能，这是因为使用算盘计算数字的操作简单，算得又快又准。

图5-1-1　算盘

算盘为什么被认为是计算机呢？计算机顾名思义，就是为了解决计算问题而设计出来的机器。那么该怎么解决计算问题呢？首先就要对计算进行模拟，算盘就是通过算珠的上下滑动来模拟计算的。因此，算盘也可以说是一种计算机。

其实，不光算盘，在电被广泛应用之前，早期的计算机都是通过机械装置来模拟计算的。当然，这些计算机也不是凭空产生的，当时的科学研究有非常多的数据需要计算，人工处理会非常麻烦，所以，科研机构非常需要这些计算设备，正是这种需求促使了计算机的飞速发展。

1822年，英国的数学家**查尔斯·巴贝奇**（Charles Babbage）设计了知名的机械计算机——**差分机**，它能够通过机械的精密协作，以齿轮的运转，计算加减乘除。

当然，用机械操作来模拟计算有天然的缺点，那就是设备实在太笨重了。巴贝奇设计的第一代差分机需要大约25000个零件，总重量达4吨，这种设备基本上没办法在实际生活中使用。而且，这些设备都是针对一类计算问题而设计的，也就是说问题一旦改变，就得重新设计设备。

虽然差分机的问题众多，但是巴贝奇在设计建造差分机的过程中有一个非常重要的贡献，那就是对于**"分析机"**的构想。分析机的设计理念非常先进，首先，巴贝奇为分析机设计了存储和数据处理装置，分析机可以把中间运算结果暂时保存起来，在下一步计算的时候再使用；其次，他还设计了打孔卡，这样给分析机输入不同的打孔卡，就可以让分析机完成不同的运算，这解决了差分机只能处理一类问题的难题。

差分机和分析机这两个概念太超前了，存储和数据处理装置就像是现代计算机里的内存和处理器，打孔卡就像是程序，通过这个体系架构，我们可以解决各种各样的问题，也就是让计算机有了“通用计算”的能力。这些概念也给未来电子计算机的设计带来了启发。

当电被广泛使用以后，科学家利用电流通过与不通过代表的两种不同的状态来模拟计算，电子计算机出现了。当然，电气时代的计算机也经历了漫长的演化过程。

最开始，人们使用**“电子管”**来模拟计算。如图5-1-2所示，这就是电子管的放大形象，人们用它建造了第一代电子计算机——**电子管计算机**。第一代电子管计算机中有各种各样的电线，通过不断插拔这些电线，电子管计算机实现了不同的计算功能。没错，那时候的编程就是通过插拔电线来实现的。

图5-1-2　电子管示意图

电子管的体积还是比较大的，用它来建造的计算机也是个庞然大物，而且编程基本靠插拔线路，使用起来非常麻烦。这样的计算机只能用在科研单位，没法用在日常生活中。于是科学家们继续探索，发明了**“晶体管”**，如图5-1-3所示。晶体管的体积比电子管小了很多，用它建造的电子计算机的体积也相应地小很多，如图5-1-4所示，这就是用晶体管制造的第二代计算机——**晶体管计算机**。

图5-1-3　晶体管

图5-1-4　晶体管计算机示意图

晶体管计算机虽然比电子管计算机的体积小很多，且运算速度更快、能耗更低、性能更稳定，不过由于其体积还是太庞大了，所以只能供专业人士使用。

实际的需求会促使大批的科学家前赴后继地研究和发明。1958年，一个划时代的发明出现了，那就是**“集成电路”**技术，科学家将电子元件结合到了小小的硅片上，做出了更小体积的计算单元，因此，第三代计算机——**集成电路计算机**就此诞生。

这时候，计算机的体系架构也发生了巨大的改变。20世纪40年代，数学家冯·诺依曼（John Von Neumann）在前人的基础上，提出了计算机制造的三个基本原则：

1. 采用二进制的数字作为计算机的语言。

2. 把程序本身当作数据来对待，程序和该程序处理的数据用同样的方式储存。

3. 计算机由五个部分组成，分别是运算器、控制器、存储器、输入设备和输出设备。

如图5-1-5所示的这套体系结构被称为**“冯·诺依曼体系结构”**，被一直沿用至今。正是由于这套体系结构，计算机真正拥有了通用计算的能力，冯·诺依曼也因此被尊称为“现代计算机之父”。

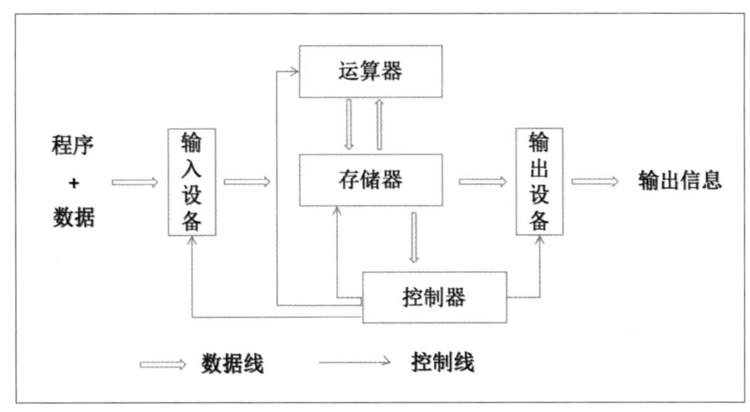

图5-1-5 冯·诺依曼体系结构

我们现在常用的计算机就是根据这个体系结构来设计制造的。还记得我们之前聊过的计算机的各个组成部分吗？输入设备、CPU、存储设备、主板和外部设备分别对应冯·诺依曼体系结构的五个部分。

20世纪70年代到20世纪80年代，集成电路技术继续发展，超大规模集成电路已经可以在芯片上集成几十万个元件，性能和可靠性得到了飞速发展，同时，价格也更加便宜。1973年，历史上第一台真正的个人计算机在施乐公司帕洛阿尔托研究中心（The Xerox PARC）被发明出来。如图5-1-6所示，这台计算机首次使用了鼠标和图形化的显示界面。大家看看它是不是跟我们现在使用的电脑非常相似?

图5-1-6　第一台个人电脑示意图

我们来总结一下计算机的发展历史。计算机不是凭空产生的，它是为了解决我们日常生活和工作中碰到的实际问题而诞生的。从算盘到机械计算机，再到电子计算机，人类一直在寻找可以用来模拟计算的工具和机制。这一路走来，计算机的性能越来越强大，也逐渐走进了我们的日常生活，帮助我们解决了各种各样的问题。

当然，计算机的发展还在继续，我们还在寻找更好的模拟计算工具和机制。要知道，我们的大脑才是世界上最强大的“计算机”，只不过，我们到现在为止还没有完全破解它的秘密。人类还在对计算机进行着探索，让我们一起期待未来吧。

第 2 节　计算机大家庭的分工与合作

随着科技发展，计算机的功能越来越强大，计算机的大家庭也越来越壮大，并且逐渐出现了分工。这就像人类的社会一样，不同的人做不一样的工作，只有大家一起努力才能让这个社会变得更加美好。

那么，计算机大家庭是怎么分工的呢？下面，我们就来聊聊这个话题。

我们先来聊聊什么叫**“分工”**。还是以我们人类社会为例，分工就是让一部分人专门做一类事情，他们会受到专业的训练，掌握专业的知识和技能，所以更擅长做这类事情，所以我们也把分工叫作**“专业化分工”**。

专业化分工是有好处的，以软件行业为例。我们每天都使用手机、平板电脑等计算机设备，用它们查看朋友的留言、浏览新闻时事、追热门的电视剧等，享受着各种应用程序带来的便利服务，但我们不需要深入了解计算机和编程技术，只要会使用这些由专业软件工程师完成的软件就可以。这就是分工的力量，分工让专业的人做他们更擅长的事，这样就能让大家都享受到便利的服务。

对计算机大家庭来说也是如此，随着“家庭成员”的不断增多，分工也就自然产生了。下面，我们就来聊聊计算机中的不同分工。

我们身边的计算机 ●●●

第一类计算机是我们日常接触最多的计算机，比如手机、台式计算机、笔记本电脑、智能手表、智能音箱等。我们每时每刻都在使用这些计算机。计算机已经成为我们生活的一部分，帮助我们解决生活中形形色色的问题，它们最擅长的事情就是给我们提供极好的用户体验。

那么，它们怎么做好用户体验这么专业的事情呢？

首先，这类计算机中要安装许多应用程序，只有这样才能满足我们生活和工作方方面面的需求。以苹果手机为例，它有一个叫App Store的应用。在这个应用里可以下载和安装许多应用程序。每个应用程序都能提供不同的服务，而且这样的应用市场是对所有的应用开发商开放的，每家软件公司甚至是个人工程师都可以编写并提交自己设计的应用软件，以供所有人使用。小朋友们，你们其实也可以提交自己编写的软件哦。正是这些优秀的软件，让手机变成了我们生活中离不开的伙伴。

同时，手机本身也为用户提供了极致的体验。它有大大的屏幕，对手指滑动灵敏的感知力，超高像素的摄像头，以及方便我们携带的尺寸，其中的每一个应用软件、每一个操作的细节都经过了工程师们精心的设计，最终带给我们的就是近乎完美的体验。

不仅如此，手机也在不断地升级，每一款新手机的整体性能都变得更强；每一款软件也都在不断迭代，操作使用越来越方便。这类计算机就是为了提升用户体验而生的，一切都在围绕这一点不断优化。反过来，也是用户的需求让这一类计算机从计算机大家庭中脱颖而出。

聊完了我们身边的计算机，我们再来看看其他分工的计算机吧。我们之前说过，计算机依靠互联网组成了大家庭。在我们看来，很多事情看上去是手机这一台计算机帮助我们完成的，其实这些复杂的功能是手机通过互联网和远方的计算机一起协作实现的。这些远方的计算机平时很少被我们看到，但是，它们也承担着非常重要的工作，下面我们就来聊聊这些“幕后英雄”。

网络“大管家”——网络设备

幕后的“英雄”之一就是我们下面要介绍的第二类计算机——**网络设备**，它们专门负责整个大家庭的互相沟通。计算机大家庭之所以存在，就是因为计算机之间有稳定的网络支撑，随时可以交流。

我们先来看看常见的网络设备——家用路由器，它是我们家中网络的“大管家”，家中所有的计算机都要先连接到路由器上面，然后再由它来连接到互联网上。小朋友们，快在家中找一找，看看能不能找到这样的设备。

除了家用路由器外，还有许多远方的计算机也在为我们服务。

远方的计算机是聚集在一起工作的，这个聚集在一起的地方，我们叫它**“机房”**，也就是计算机的家。这个家的配套设施可不差呢，试想这么多计算机在一起，它得有稳定的供电才行，另外，这么多计算机都需要散热，所以得有专门的空调为它们降温才行，图5-2-1所示的就是机房的样子。图中这一排排的架子叫作**“机架”**或**“机柜”**，尺寸只比我们家中的双开门冰箱稍大一点，计算机就被放在机架上。一个机房通常能容纳成百上千台计算机。

图5-2-1　机房一角

这么多的计算机连接在一起，当然也需要一个网络“大管家”，“大管家”负责将来自互联网的各种请求分发到每台计算机上。如图5-2-2所示，这个“大管家”也叫路由器，不过它负责的计算机数量要远远多于家庭路由器，所以它有非常多的端口，这些端口通过网线将各个计算机连接起来。

图5-2-2　机房中的路由器

这些网络设备跟其他计算机有什么不一样呢？为什么要把它们归为一类呢？其实一个很明显的区别就是外形，它们没有显示信息的屏幕，也没有让用户点击的按钮，它们的功能非常单一，就是处理大家的网络请求。正是因为它们只负责处理网络问题，屏幕和按钮对它们来说是没有用的，所以它们才长成了这个样子。它们把其他所有的功能都放弃了，整个硬件的构造和软件的设计都围绕着网络问题，也正因为这样，它们才能把网络的问题处理好。

其实，这也给我们带来了一个启示：在学习和生活中，如果我们想把一件事情做好，最好的办法就是集中精力专注在一件事情上。分心同时做好几件事情，往往会适得其反，最终每件事情都做不好。

专注于服务的服务器

我们再来看看机房中的其他设备。

机房中最多的设备就是放置在机架上的这些计算机，这类计算机叫作**“服务器”**，顾名思义，它们是专门服务大家的机器。如图5-2-3所示，服务器是长方体的，平时它们都被放置在机房的机架上，任务就是处理各种网络请求，通过网络来协助我们的手机和台式计算机完成一个个复杂的任务。

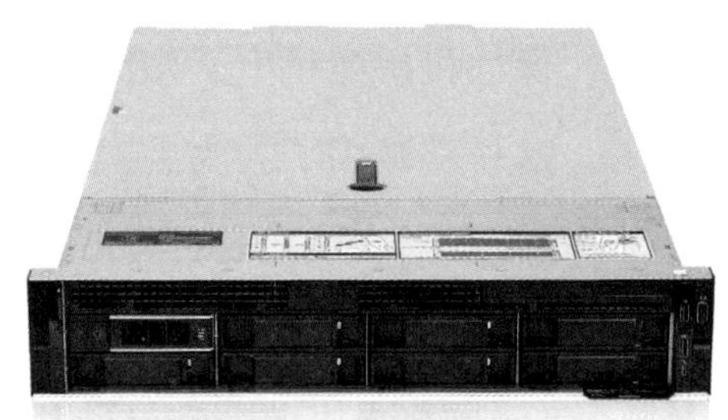

图5-2-3　服务器

跟我们家中的台式计算机相比，服务器有什么不同呢？很显然，它没有显示器、键盘和鼠标，只有一个机箱，而且机箱还是横着放置的，而我们家用的台式计算机机箱大多是竖着放置的。之所以横着放置是为了让机架能够承载最多的机器，充分利用机房的空间。同时，为了让这些服务器稳定运行，机房平时都是关闭的，只有专业人员才能进入。我们只有通过网络才能接触它们，它们只处理特定的计算任务，所以也不需要显示器、键盘和鼠标。

还有哪些不一样的地方呢？从图5-2-3中可以看到，服务器有各种各样的插槽，这些插槽可以随时安插更多的内存、硬盘等部件。

为什么服务器要这么设计呢？因为服务器的任务就是随时处理从网络上发过来的请求，所以它需要超强的计算能力、超大的内存和存储空间。这样的设计，就是为了可以随时扩展服务器的能力。

你看，为了专注做好自己的事情，服务器将无用的部件都舍弃了，只留下了计算所需的CPU、主板、内存、硬盘和网络部件，同时，服务器还设计了很多的插槽，随时可以扩展内存和硬盘。这种专注，让服务器可以更好地完成自己的工作。

那么，服务器为什么要被集中放置到机房里呢？目的就是为了方便统一管理和照看，尽可能地保障服务器的稳定运行。通常会有专人定期来维护它们，保证机房的供电、制冷和网络不出问题，其他人都被禁止进入，这样就减少了人为失误造成的故障。一个机房如果可以放置更多的服务器，就代表它具备更高的计算和存储能力。

那么，服务器怎么通过网络来协助手机和笔记本电脑等这些我们身边的计算机呢？要知道，全世界每时每刻都有亿万人在访问互联网，每一个软件的背后都不止一个服务器在帮忙，服务器不是单兵作战的，而是组队来工作的，我们管这个由服务器组成的团队叫**“服务器集群”**。

一般情况下，一个集群的服务器都会在一个机房里，大家离得近，更容易互相协作和支持。当然，机房能容纳的服务器数量是有限的，有时候，一个集群的服务器会分散在多个机房。这样放也是有好处的，试想，把一个集群的服务器都集中在一个机房里，这样如果机房中出现了意外事故，整个集群就都无法幸免。把集群分散到多个机房中则可以保全一部分服务器。

下面，我们就深入集群的内部，聊聊集群里的分工。

服务器集群的内部是有分工的。我们来打个比方，就像我们熟悉的变形金刚，如图5-2-4所示，每个汽车人都是一个独立的个体，但是，当他们结合在一起的时候，就组成了一个更强大的汽车人。分开是独立的，组合在一起是完整的。单个汽车人有自己的四肢、身躯和武器，组合在一起也有四肢、身躯和武器，只不过有的汽车人变成了四肢，有的变成了身躯，有的变成了武器。组合在一起后，汽车人可以发挥各自的优势，从而发挥出更强大的力量。

图5-2-4　变形金刚示意图

服务器集群也是这样。单独来看，每个服务器都是独立的计算机，组合在一起则是一个更强大的计算机。单独一台计算机有CPU、内存等部件，服务器集群也有这些部件，这些部件由不同的服务器组队而成。有的服务器更擅长计算，就充当集群中CPU的角色；有的服务器更擅长内存存储，就充当整个集群的内存。大家组合在一起就构成了一个更强大的集群。下面，我们就来分别聊聊这几个角色。

首先，我们来看一下集群中的CPU，也就是擅长计算的服务器（简称**“计算服务器”**）。为了更好地完成计算任务，它会配置更强大的CPU和内存，运算能力更强，内存空间更大，可以缓存大量的数据，加快计算速度。

当然计算服务器也不是单兵作战的，它们会组队处理大量的网络请求。而且组队也是有讲究的，当有网络请求到来的时候，得有一个机制将这些请求分配给每一台计算服务器，最简单的机制就是轮流分配。假如有两台计算服务器组队，需要处理三个请求，那么就将第一个请求分配给第一台，第二个请求分配给第二台，第三个请求再分配给第一台，依次类推。

这个机制还可以继续优化。因为每台计算机的能力是不一样的，有的CPU和内存更强一些，那么就多分配一些请求给它；当某台计算服务器发生故障的时候，我们要及时将其识别出来，不再给它分配新的任务；当有新的计算服务器加入进来时，我们也要及时将其识别出来，以便重新调整分配规则。

我们再来看一下集群中的内存。因为内存服务器主要用来存放计算过程中的中间数据，所以也叫**“缓存服务器”**。

那么，缓存服务器到底存储了哪些数据呢？在计算服务器集群中，计算任务都是轮流进行分配的，如果多个计算服务器需要共享数据，比如小账本的数据，这些数据就要被存放到缓存服务器里。

缓存服务器也是组队来完成任务的，但是缓存服务器组队的难度要比计算服务器大很多。计算服务器集群可以轮流分配任务，但是缓存服务器要想做到轮流分配任务，就得保证每个缓存服务器存储的数据都是一样的，这一点太难保证了，因为数据会随时被增减或修改，同时还有人要读取数据，怎么保证大家读取到的数据都是最新版本的呢？

为了解决这个问题，缓存服务器就需要使用一个特殊的机制来保障数据的一致性。这跟我们人类的组织有相似之处，在我们的学校里，每个班级都会有几个班干部，有的帮忙收集大家的作业，有的组织大家打扫卫生，缓存服务器集群也是一样的，它们需要一个“队长”来协调大家的工作，以保证数据的一致性。

比如，我们可以把增减和修改数据的任务都分给“队长”，“队长”来负责维护一个始终是最新版本的数据，然后将这个最新数据同步给其他缓存服务器，让大家保持一致。当计算服务器来读取数据的时候，就可以轮流分配给缓存服务器，这时每个服务器的数据都是最新的了。

当然，缓存服务器也有天然的缺点。缓存服务器属于内存，内存中的数据在断电后就丢失了，而且内存的价格也比较昂贵，所以我们不可能长期地将所有数据都存放在内存中。所以，我们需要存储服务器将数据长久地保存下来。

最后，我们就来聊一下集群中的硬盘这个角色，也就是**“存储服务器”**。顾名思义，这个服务器就是为了存储数据而存在的，它有超大的内存和硬盘空间，网络带宽更大，这样的配置让存储服务器更擅长存储数据。当然，数据存储下来是为了使用的，所以，存储服务器还得具备很快的数据查询速度。

跟缓存服务器集群一样，存储服务器也是组队完成任务的，它们也需要保持整个集群数据一致。方法也是一样的，就是选出一个“队长”来，由“队长”完成协调工作，保证数据的一致性。

无论是计算服务器、缓存服务器还是存储服务器，为了更好地完成各自的任务，除了硬件配置之外，软件层面也有特殊设置。整个服务器除了操作系统必备的软件以外，可能只会安装一个软件，比如计算服务器可能只会安装处理网络请求的软件，缓存服务器只会安装缓存软件，而存储服务器则只会安装存储的软件。

在软件层面，服务器往往只安装一个对应的软件，完全没有其他的程序，甚至操作系统也为这一特定目标而优化，这一切的目标就是把自己负责的任务处理得更好。在这里，我们又一次看到了专注的力量。

到这里，我们讲完了服务器集群中的三个角色。下面我们把它们串起来，看看这三个角色是如何组装成一个“变形金刚”的吧。

举个例子，我们在玩手机游戏时，往往会有成千上万个玩家同时在玩，我们可以在游戏里跟人组队、一起闯关、一起比赛。表面上看我们是在手机上玩游戏，实际上手机游戏的背后是成千上万个服务器在支持。这些服务器要给我们每个玩家都做一个小账本，记录下我们的名字、组队信息、积分信息、闯关信息等。这需要大量的计算，也需要大量的存储空间。

各个角色的服务器是怎么协同来完成这项工作的呢？首先，计算服务器集群承担计算的任务。比如我们闯关成功后要增加积分，计算服务器就会完成计算的任务，然后将新数据更新到小账本上；其次，我们为了加快对小账本的访问速度，小账本会被记录到缓存服务器集群里，缓存服务器临时存储这些数据；最后，这些数据还需要被记录到存储服务器集群中永久保存。你看，三个角色的集群紧密配合，共同完成了一个巨大的任务。

世界上最大的计算机——超级计算机

我们来继续聊下一类计算机。这类计算机大家在生活中会更少接触，它叫**“超级计算机”**。

什么是超级计算机？顾名思义，就是拥有超强计算能力和超大存储能力的计算机。当然，这种计算机的个头可不小。每台超级计算机都是一个超级明星，咱们中国在这个领域也是世界领先的，2016年，中国制造的超级计算机“神威·太湖之光”，在当年的国际超级计算机大会中拿到了冠军。

这台超级计算机到底有多大呢？它由40个运算机柜和8个网络机柜组成，有40960块CPU，1秒钟最多可以计算12.5亿亿次。它就像动物世界里的大象和鲸鱼，是计算机大家庭里个头最大的。

那么，这种超级计算机有什么用途呢？它的用处可大了，比如我们每天都能听到的天气预报，因为影响天气的因素实在太多了，所以天气预报背后的计算工作非常复杂和困难，这就需要利用超级计算机来完成预测，这就是超级计算机发挥作用的地方。此外，在军事、能源、科研等领域，超级计算机都能发挥巨大的作用。

上文我们聊到了服务器集群可以通过组队组合成更强大的计算机，那么，它们和超级计算机谁更厉害呢？应该说，两者各有优缺点，就像蚂蚁和大象，蚂蚁虽然身体很小，但是蚂蚁群体的分工协作非常紧密，可以完成很多不可思议的任务；而大象虽然身体巨大，力大无比，能独自做到了不起的事，但有时也显得笨重，不够灵活。两者各有所长。

工业计算机与机器人

聊完了超级计算机，我们再来聊聊另一类大家不常接触的计算机——**工业计算机**。

什么是“工业”呢？我们日常用到的商品，小到一根铅笔，大到汽车、轮船，都是工业生产的成果。在工业制造的过程中，需要用到大量的机械设备，在计算机出现之前，这些机械设备需要大量工人去操作。如图5-2-5所示，这是一台机床，我们可以用它来打磨、切削各种机器零件。很显然，操作这样的设备对操作者的技能要求是很高的，而且人类加工的精度也很有限。

图5-2-5　机床

前面我们提到过，计算机是通过电流来模拟计算的，所有通过电来控制的设备，都可以通过计算机来控制。也就是说，我们完全可以将这些机械设备改装成电力驱动的，然后再通过计算机来控制。如图5-2-6所示，这就是机床的升级版本——数控机床，也就是用计算机控制的机床。我们可以通过编程告诉数控机床应该怎么进行加工，加工的过程不需要人来参与，计算机能做到的精度要远远高于我们人类。

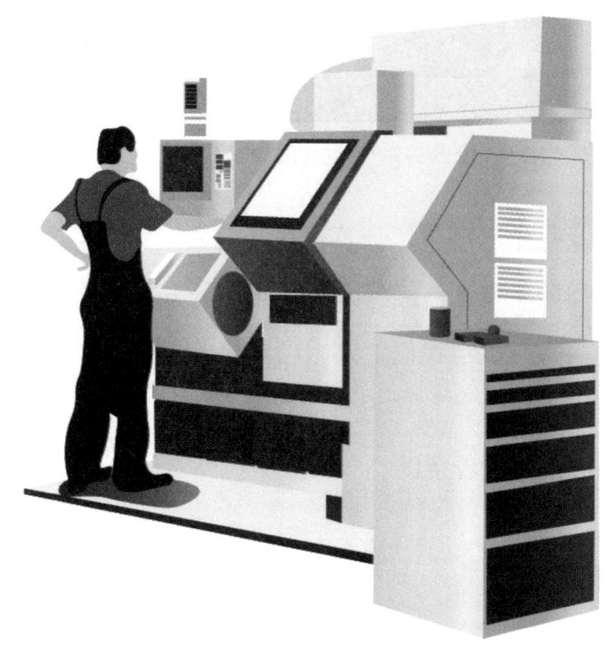

图5-2-6　数控机床示意图

越是复杂的工业生产，计算机对其帮助就越大，比如汽车制造产业，一辆汽车动辄有上万个零件，无论是对这些零件加工还是组装，都充满了巨大的难度。而借助工业计算机，我们就可以快速地解决这个难题。如图5-2-7所示，这是自动化的汽车生产线，全部由计算机控制的机械臂进行零部件的组装，大幅提升了汽车的产量和质量。正是有了这些工业计算机的帮助，我们才会有今天这样便利的生活。

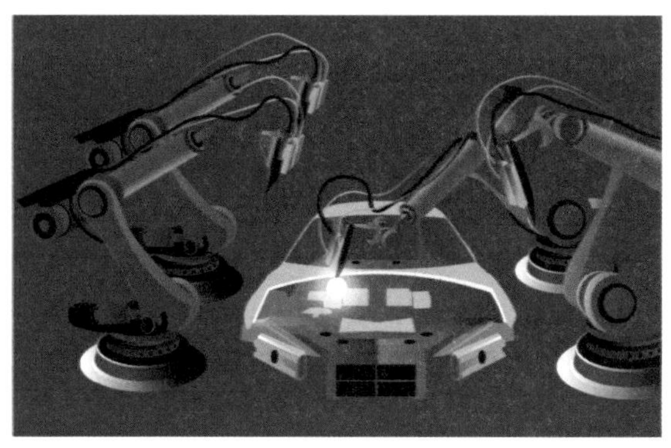

图5-2-7　自动化的汽车生产线

除了工业化生产环节，计算机在其他领域也在发挥着巨大的作用。各种各样的机器人已经深入我们生活的方方面面：如图5-2-8所示的送餐机器人可以帮我们上菜，图5-2-9所示的迎宾机器人可以帮我们进行商品导购，甚至还有自动驾驶汽车。这些机器人为我们生活的各个方面都提供着帮助。

图5-2-8　送餐机器人

图5-2-9　迎宾机器人

无论是工业计算机还是机器人，其实都是计算机与机械的结合应用。这类计算机已经参与到我们生活和工作的方方面面。

组队合作 ●●●

前文我们聊了聊服务器集群中的分工和合作。其实，计算机大家庭是非常团结的，组队合作的事情比比皆是。下面，我们就来聊一聊这个话题。

先来说说我们身边的计算机。无论是手机、笔记本电脑还是其他的智能设备，背后都是通过网络跟服务器集群组队合作的，毕竟这些计算机因为使用场景的限制，身材都比较小巧，计算和存储能力也比较有限，要想完成我们交给它们的任务，就需要通过网络和服务器组队。所以，有时候我们也称这些智能设备为**"智能终端"**，因为它们就像服务器集群延伸出来的触角，帮助我们打理着各种事情。

为了让我们有更好的使用体验，智能终端之间也会有密切的合作。比如，我们可以通过手机来控制其他设备或显示其他设备采集到的信息。有的智能手表可以帮我们更好地了解自己的身体状况，定期测量我们的血压、心跳等，这样的手表会跟手机相连，这样我们就可以在手机上查看过往测量的所有生理数据。手机不仅能通过图表展示收集到的数据，还可以给我们详细的健康建议。有的智能手表还可以定位我们的位置，比如儿童的智能手表，只要小朋友佩戴这种手表，爸爸妈妈就可以通过手机随时随地看到我们在哪里，还可以随时与我们取得联系。

这就是手机跟智能手表的组队合作。在组队过程中，两者都可以发挥各自的优势。手表的优势就是佩戴方便、小巧，可以方便地随时监测身体状态，还可以随时定位它所在的位置；但是，智能手表的计算和存储能力都十分有限，所以还需要借助手机的能力。手机比智能手表有着更强的计算和存储能力，也有更优质的屏幕，手机还可以借助服务器集群的能力。手机和智能手表两相结合，优势互补，能发挥更大的作用，给我们带来更好的使用体验。

再来说说服务器集群。上节我们聊过，服务器集群内部也是组队分工的，不同的部分能发挥各自的优势。同时，由于一个服务器集群的能力是有上限的，所以不同的服务器集群间也会组队合作。一般一个集群会专门处理一类服务，比如我们在手机上购物，浏览商品时会用到电商的服务器集群，但是当我们支付的时候，我们使用的是支付软件，这就用到了支付软件的服务器集群。你看，这两个集群互相合作，共同完成了一个更大的任务。

最后再来说说工业计算机和机器人。它们可以和服务器集群组队，以拥有更强的计算能力和与外界沟通的能力。比如自动驾驶汽车，它们会通过网络连接到服务器，查看当前所在的位置和路况，如果提前查询到下一段道路是拥堵的，那么它就可以提前选择更通畅的道路，从而节省驾驶的时间。

计算机的大家庭跟我们人类的大家庭一样，处处需要组队，也处处需要合作。对于我们人类社会来说，大到一个国家，一方有难八方支援，齐心协力共渡难关；小到我们的学校，无论是打篮球、踢足球、做值日还是参加运动会，只要是团队项目，都需要小伙伴们紧密地配合。我们要学会怎么跟其他小朋友合作，只有合作才能完成更多有意义的事情。

计算机大家庭与人类

至此，我们聊了计算机大家庭中的各个角色。那么，计算机跟我们人类的关系是怎么样的呢？下面，我们就来聊一聊这个话题。

计算机既是我们人类创造的工具，也是我们人类的朋友，我们在生活和工作中的方方面面都离不开它们。我们跟计算机其实也是在组队，组队完成更大的任务，组队创造更加美好的生活。

组队需要进行大量的沟通，就像小朋友们一起踢足球，有的人负责防守，有的人负责组织传球，有的人负责进攻，这些分工协调都需要大家紧密地配合才可以。

跟计算机的组队也是这样，我们需要跟它们进行密切的沟通，这样才能形成彼此默契的配合。但是，计算机拥有自己的语言，我们与它沟通需要翻译官，这个翻译官就是计算机工程师。计算机工程师是我们与计算机之间的桥梁，他们通过编程语言跟计算机打交道，让计算机大家庭高效地运转，并成为我们人类最好的朋友和伙伴。

那么，计算机工程师是怎么跟计算机大家庭打交道的呢？计算机有分工，计算机工程师也有分工。我们以手机上的游戏软件为例。首先，计算机工程师需要开发手机端的软件，做出好看的动画效果并实现流畅的操作体验。这就需要计算机工程师非常了解手机端的硬件、操作系统和编程语言等专业知识。

其次，计算机工程师要开发服务器端的软件，以处理各种来自手机端的网络请求。当然，服务器端的开发也是有分工的，计算机工程师要针对各个服务器的角色，设计和开发对应的软件，并设计它们之间的组队方式。

最后，手机端软件和服务器端软件都是在不断迭代的，怎么保证每次迭代的软件都能正常运行呢？这就需要专门的计算机工程师提前对新软件进行完整的测试，在测试完毕没有问题后才能进行发布。同时，服务器在运行中，免不了会出现各种各样的硬件、软件或者网络故障，也可能出现外界机房带来的故障，这些都需要专人进行维护。

你看，这样一个手机上的小小软件，它的开发和维护可不容易，这背后是一系列计算机大家庭和计算机工程师的协作，只有专门做手机端的工程师、专门做服务器端的工程师、专门做测试的工程师和专门做服务器维护的工程师紧密配合，才能完成这个任务。

同时，随着使用这个软件的人越来越多，开发和维护它的难度也会变大。软件开发往往不是单个工程师就能够搞定的，它需要一个完整的技术团队紧密配合才能完成。这就是软件工程师所要做的事情，他们有细致的分工，要学习不一样的编程语言，还要掌握不同的计算机技术。

计算机既是我们的朋友，也是我们人类创造的工具。科学家们还在不断拓展计算机的其他能力，以便让计算机拥有更快的运算速度和更大的存储空间。我们都知道计算机是依靠电来进行模拟计算的，科学家们还在寻找其他的模拟计算的方式和材质，以突破现有的计算边界。计算机是我们人类目前为止创造的最精密、最具智慧的工具。我们的生活离不开计算机，我们还将继续打磨这个工具，让我们的生活变得更加美好。

第 3 节　在计算机大家庭的内部怎么交流?

上节我们聊了计算机大家庭中的各种分工和协作。之所以能有这样紧密的配合，是因为它们之间有着稳定、顺畅的沟通机制，这个机制就是计算机网络。那么，数据是怎样从一台计算机传递到另一台计算机的呢？下面，我们就来聊一聊这个话题。

计算机的地址

我们来打个比方，计算机之间传输数据，其实很像我们给朋友寄快递。想想看，我们是怎么寄快递的呢？

首先，我们要有朋友的地址。

先来看看现实生活中的地址。地址一般会包含省、市、区/县、街道、小区，以及几号楼、几层、几室，这个地址逐层逼近我们的具体位置。

计算机也有自己的地址，只有有了地址，计算机之间才能互相通信。计算机的地址有个专有的名字，叫作**“IP地址”**。IP是

“Internet Protocol”的缩写，翻译成中文是“互联网协议”。为什么叫这个名字呢？我们慢慢来解释。

我们都知道计算机的世界里只有数字，计算机的语言就是数字，因此IP地址也是数字化的。和现实中的地址一样，IP地址也是分层的，比如我们要访问一台美国的服务器，地址就应该先是美国，然后是美国的某个州，再具体到这台服务器，所以，计算机的IP地址得需要多组数字来表示。

我们来看一个实际的IP地址：223.72.41.214，这是我在北京的家里上网的IP地址。我们可以看到，一个IP地址由4组数字构成，计算机之间就是根据这些数字找到对方的。

IP地址中的每组数字都是一个层级，也叫一个**“网段”**。那么，这个数字预留多大比较合适？这就要看我们有多少台计算机了。现实中的地址是由国家统一划分的，例如我们中国有23个省、5个自治区、4个直辖市和2个特别行政区，这些都是国家划定的。计算机的IP地址则是由国际组织统一分配并逐级管理，也就是说，除了顶级的管理者之外，还有下级的管理组织，下级管理组织负责分配自己管辖内的网段。其中，顶级的管理者叫“互联网名称与数字地址分配机构”（Internet Corporation for Assigned Names and Numbers，ICANN）。

IP地址不够用怎么办？

IP地址是20世纪70年代被设计出来的，当时全世界也没有多少台计算机，所以，大家用不超过255的数字来代表一个网段。比如“223.72.41.214”就是这样一个IP地址，我们称这类IP地址为IPv4。IPv4是“Internet Protocol version 4”的缩写，翻译成中文是“第4版互联网协议”，它由4组数字组成。

随着计算机的蓬勃发展，原有的IP地址已经远远不够用了，国际组织又制定了新的地址规范。新的地址规范叫IPv6，也就是第6版互联网协议。第6版中每个网段使用的数字都是原来的4倍，而且用6组数字来表示一个IP地址，足够全世界的计算机使用，甚至足够给地球上的每一粒沙子分配一个IP地址。

就像国家统一划分省、市、区一样，国际组织也统一分配IP地址，比如给中国分配的IP地址都是特定数字开头的，中国再往下分配IP地址，以此类推，一直到具体到这台机器。

下面就是我们的动手时间啦！怎么能看到计算机的IP地址呢？我们就以台式计算机为例，一起来动手操作一下吧。

首先，如图5-3-1所示，点击桌面左下角的“开始”按钮，在“搜索程序和文件”输入框内输入“cmd”3个字母，如图5-3-2所示，找到名为“cmd”或“命令提示符”的软件。点击打开cmd或命令提示符软件，就能看到如图5-3-3所示的软件界面。

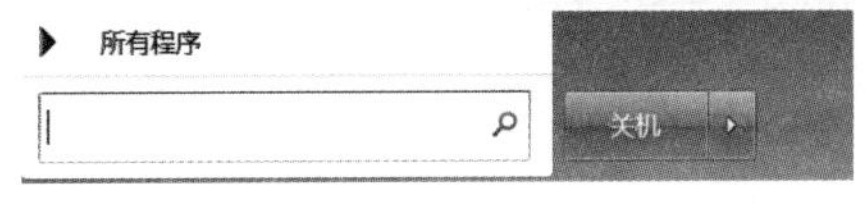

图5-3-1　点击桌面左下角“开始”按钮

图5-3-2　搜索“cmd”程序

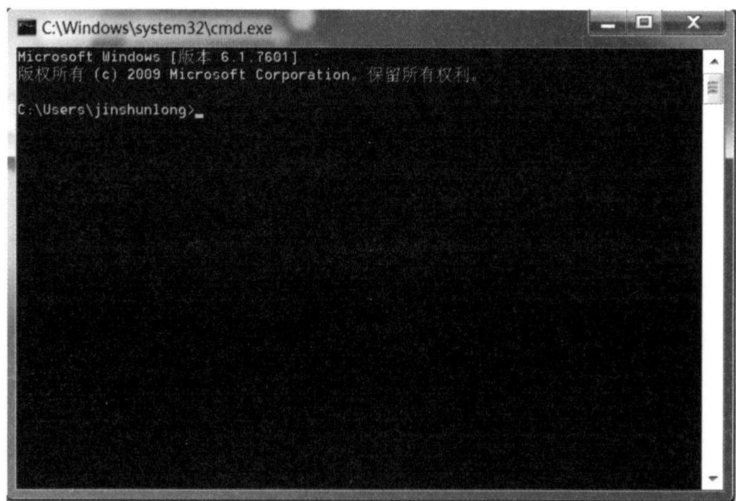

图5-3-3　cmd软件界面

我们在其中输入字母“IPCONFIG”，单击键盘上的“Enter”键，就能看到如图5-3-4所示的界面。其中，红色部分就是我们要找的IP地址，即“192.168.225.148”。

图5-3-4 “IPCONFIG”命令

我来稍微解释一下，cmd是“command”的缩写，翻译成中文是“命令”的意思。cmd软件在一些计算机里也叫“命令提示符”，是专门用来给操作系统下命令的软件。我们进入cmd软件后，就可以输入相关的命令了。这就像我们玩游戏的时候，输入一些作弊命令一样。我们可以通过命令让操作系统做各种各样的事情。

“IPCONFIG”就是这样的一个命令，可以用来查询计算机的网络配置信息，其中就包括IP地址。

细心的小朋友们，你们有没有发现，我刚才说的两个IP地址是不一样的，一个是“223.72.41.214”，另一个是“192.168.225.148”。

同一台计算机为什么会同时有两个IP地址呢？

小朋友们，你还记得我们曾经说过的路由器吗？我家里就有一台家用路由器。我们在家中上网的时候，计算机都是先连接到这台设备，再通过这台设备连接到互联网上的。到这里，我们就“破案”了，计算机的两个IP地址，一个是家中由路由器组成的局域网络中的地址，另一个是跟整个互联网连接使用的地址。这两个IP地址中，以“192.168”开头的IP地址才是我这台台式计算机的，另一个IP地址其实是路由器的。

我们家里的计算机是怎么连接到路由器上的呢？一般有两种方式。一种是用网线直接连接到路由器上，另一种则是通过Wi-Fi来连接。看到路由器上几个支出来的“分叉”了吗？它就是用来接收无线信号的。路由器接收到这些网络请求后，就会代替家中的计算机跟互联网上的计算机大家庭进行交互。大家有没有想过，为什么计算机一定要通过路由器来上网呢？

地址的分配和路由

为什么计算机一定要通过网络设备来上网呢？那是因为计算机地址的分配和路由是一件非常复杂的事情，需要专门的计算机小伙伴来负责才行。下面，我们就来聊一聊这个话题。

还记得“路由”的意思吗？“路由”就是指将数据从一个计算机送到指定计算机的过程。这个过程并不容易。就像我们给朋友邮寄物品，看似我们把物品交给快递公司就可以了，其实快递公司将物品递送到我们朋友手中的整个过程是非常复杂的。快递公司在收到我们要寄送的物品后，下一步就是配送。快递公司有大量的配送任务，送货的地址也是五花八门的，而人的记忆力是有限的，没有一个快递员能知道所有地址的寄送路线。

那该怎样解决这个问题呢？实际上快递公司会将物品送达的路径进行拆分。我们来举个例子，比如快递公司要将一个物品从北京送往厦门，因为是外省的快递，所以北京的快递点收到物品后，会先将它放在发往外省的集中站点，然后这个集中站点会将物品发给福建省的集中接收站点，福建省的接收站点在收到物品后，再将其发往厦门的集中站点，厦门的集中站点再发给具体区县里的派送点。经过这样层层传递，物品才会被送到我们朋友的手中。

这样拆分有什么好处呢？一方面，这大大降低了每个站点所要掌握的路线数量，每个站点只需要记住跟它相邻的站点怎么走即可；另一方面，这样也可以不断优化相邻站点之间的路径，不断提升快递投递的效率。

同理，计算机要发送一个数据，也不是直接发给对应的计算机，因为没有一个计算机能记录下全世界计算机的IP地址，它需要将数据先发送给离它最近的网络设备，一个网络设备也一样无法记录所有计算机的路径，所以跟快递一样，我们也需要将网络路径进行拆分，将其拆分成无数个站点，每台网络设备都像一个快递站点，无数个网络设备组成一个庞大的站点网络，专门负责满足每台计算机的通信需求。

在这个庞大的站点网络中，有一些网络设备是我们在家就能看到的，比如家用路由器；更多的网络设备是我们平时看不到的，它们都在大型机房中。这些设备组成了超大型的集群，共同完成这个任务。这个集群当然也需要人类的维护才能保障日常的运行，负责维护的公司叫作**“运营商”**。

我们可以把运营商看作计算机网络中的快递公司。一个运营商负责维护一个大型站点网络，同时负责这个网络内所有计算机之间的数据通信。我们身边有哪些运营商呢？中国移动、中国联通和中国电信是中国较大的3家运营商。小朋友们可以问问爸爸妈妈，你们家的网络是哪家运营商的呢？

因为一个运营商要负责他们网络下所有计算机的通信，所以IP分配组织给国家分配IP段后，国家也会给运营商分配IP地址段，然后运营商再给他们管辖的网络分配IP地址。

运营商维护的网络设备就像快递站点一样，每一个站点都有一个地址簿，记录了跟它们相连的其他站点，当这个站点接收到数据后，会根据目的地的IP地址传递给其相邻的站点，然后在站点之间层层传递，最终将数据传递给目的地的计算机。

举个例子，比如我们在家中要访问一个美国的网站，想要完成这个动作，我们的计算机就要跟美国的服务器建立联系，以便互相传递数据。那么，传递的过程是怎样的呢？

如图5-3-5所示，首先，我们的计算机将数据传输给家中的路由器，路由器再将数据传输给所在运营商的最近的网络站点，然后，再将数据传递给运营商网络中负责传递给国外的网络站点，这个站点再将数据传递给美国的网络站点，接着再将其传递给这个网站服务器所在运营商的路由器站点，最终将数据传递给这个网站的服务器。

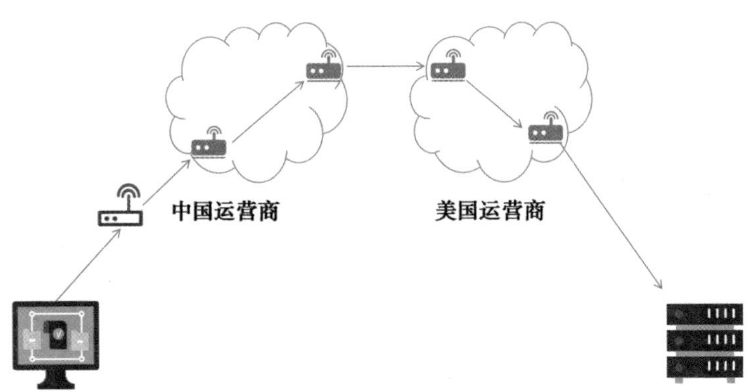

图5-3-5　访问美国网站服务器的简化过程

IP地址不够分怎么办？

实际上，数据传输的过程比我们想象的复杂得多，问题也有很多。比如，目前的IP地址是由4组不超过255的数字构成的，这种方式能分配的地址是有限的。因此国际组织制定了新的地址规范，这就是著名的IPv6协议。但是，这种方式需要重新给全世界所有的计算机分配新的IP的地址，这个难度可想而知，注定是一个缓慢的过程。

所以我们还得想个别的办法来解决IP地址不够用的问题。并不是所有的计算机都时刻需要上网的，因此，运营商采用动态分配IP地址的方法，只有当计算机上网的时候，才给其分配IP地址。即使是这样，同时需要上网的计算机数量也还是太多了，依然没有足够的地址可以分配。

所以运营商又想到了复用IP地址的办法，也就是让很多台计算机共用一个IP地址。要讲清楚这一点，我们需要先了解局域网的概念。

IP地址的管理有着类似行政区划的结构。如图5-3-6所示，最顶层就是上文我们聊过的负责管理IP地址的国际IP组织，下一层是每个国家的IP管理机构，再下一层是具体的运营商，最后再到我们千千万万的用户。我们每个小家的网络就叫作**“局域网”**。每一层网络组织都负责管理下一层的IP地址和路由。为了实现这些功能，每一层都要由大量的网络设备甚至是服务器组队构成，它们要用小账本记录管辖内每个计算机的IP地址和路由。路由就是从当前站点到相邻站点的路径。

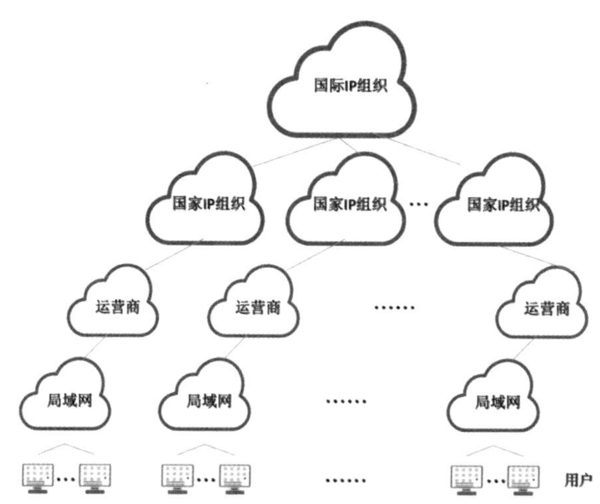

图5-3-6　IP地址管理结构

每个局域网，比如我们自己的家庭网都是由路由器来管理所有联网设备的，也就是由路由器来分配和管理家中各个计算机的IP地址和路由。

我们再回到IP地址不够分配的问题上。每个局域网内的IP地址都由这个局域网自己管理，因此，属于不同局域网的计算机，其IP地址是可以重复的。所以，在IP地址段中有几个段非常特殊，是专门供大家复用的。比如我的笔记本电脑的IP地址——

“192.168.225.148”，实际上，以192.168开头的IP地址段就是一个特殊段，全世界有无数台计算机的IP地址跟我的笔记本电脑的IP地址相同，它们都能连接到互联网上。

又到了动手时间了。下面，我们以iPhone手机为例，看看它通过Wi-Fi连接到一个局域网时，获取IP地址的整个过程。

如图5-3-7所示，首先，找到“设置”，点击它，我们就能看到“无线局域网”这个选项，顾名思义，它代表的是可以用无线方式连接的局域网。点击它，我们就能看到当前所有可以连接的无线局域网。点击其中一个，输入该无线局限网的账号和密码就可以加入该网络了。

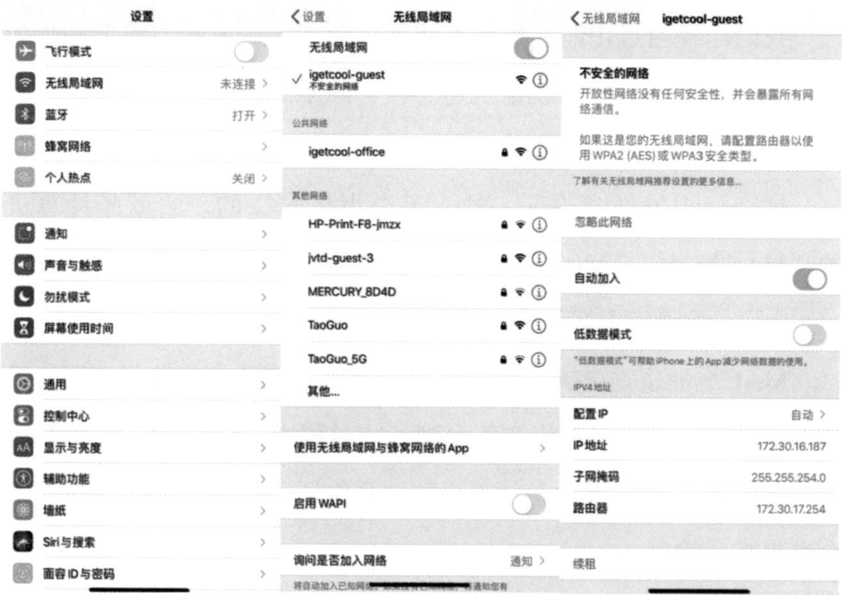

图5-3-7　iPhone联接无线局域网的全过程

如图5-3-7的中图所示，每个局域网名称右侧都有一个“ⓘ”，当我们加入一个网络后，点击它右侧的“ⓘ”，就能看到这个局域网给我们分配的IP地址了，比如我的手机，在加入网络“igetcool-guest”的时候，被分配的IP地址就是“172.30.16.187”。如果我们连接到其他网络中，就会被重新分配一个IP地址。

小朋友们，动手试一下吧！除了iPhone之外的其他手机也可以，只是操作的过程可能不太一样，大家可以去搜索网站自己查找相关方法哦。

计算机的“身份证”

我们下面继续来探索网络通信的过程。

我们已经通过IP地址找到了计算机所在的局域网，那下一步如何找到目标计算机呢？就像快递一样，除了地址以外，我们还得写清楚收件人的姓名。计算机也是如此，得有其专有标识才行。

这个标识就像身份证一样，是全世界唯一的。它就是计算机的**“MAC地址”**。MAC地址的英文全称是“Medium Access Control address”，翻译成中文就是“介质访问控制地址”。

MAC地址也是由国际组织统一分配的，它被分配给每个网络设备的生产厂商，厂商在生产每台网卡的过程中，就会将MAC地址写入硬件内部。MAC地址是计算机的“身份证”，每个MAC地址都是全世界唯一的。

当计算机连接到网上之后，局域网的网络设备会给它分配一个IP地址，并且记录下这个计算机的MAC地址和IP地址之间的绑定关系。当有数据被发送到这个局域网的时候，局域网的网络设备就可以根据目的地的IP地址找到其对应的MAC地址，并将这个MAC地址写入数据包并一起广播给局域网内的所有计算机，每个计算机收到这个数据包的时候，就会比对数据包中MAC地址和自己本地网卡的MAC地址是否一致，如果一致就说明该数据包是发给自己的，如果不一致就会丢掉这个数据包。

又到了动手时间了，让我们来找找我们身边计算机的MAC地址吧。这里我们还是以台式计算机为例。

如图5-3-8所示，首先，我们点击桌面左下方的“开始”按钮，在“搜索程序和文件”输入框中输入“cmd”，找到cmd或命令提示符应用程序并点击它。在其界面中输入“ipconfig /all”，如图5-3-9所示，这里的“all”是“所有”的意思。输入这个命令后，

图5-3-8　查找MAC地址（1）

敲击回车键，cmd程序就会把这台计算机所有的网络信息都显示出来，如图5-3-10所示，红色框中的“C4-B3-01-CB-68-28”就是这台设备的MAC地址了。

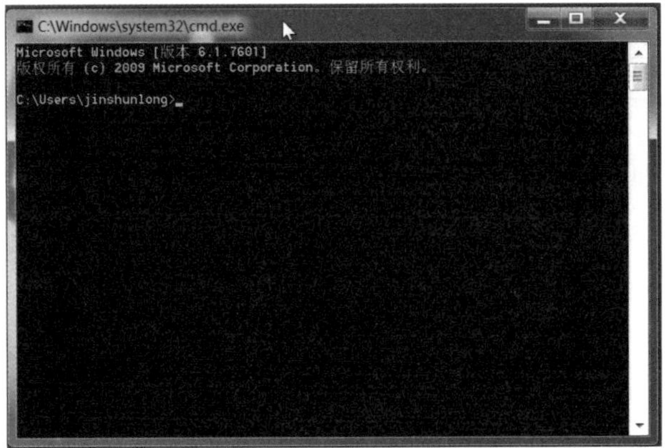

图5-3-9　查找MAC地址（2）

```
C:\Windows\system32\cmd.exe
Microsoft Windows [版本 6.1.7601]
版权所有 (c) 2009 Microsoft Corporation。保留所有权利。

C:\Users\jinshunlong>ipconfig /all

Windows IP 配置

   主机名  . . . . . . . . . . . . . : jinshunlong-PC
   主 DNS 后缀 . . . . . . . . . . . :
   节点类型  . . . . . . . . . . . . : 混合
   IP 路由已启用 . . . . . . . . . . : 否
   WINS 代理已启用 . . . . . . . . . : 否
   DNS 后缀搜索列表  . . . . . . . . : localdomain

以太网适配器 Bluetooth 网络连接:

   媒体状态  . . . . . . . . . . . . : 媒体已断开
   连接特定的 DNS 后缀 . . . . . . . :
   描述. . . . . . . . . . . . . . . : Bluetooth 设备(个人区域网)
   物理地址. . . . . . . . . . . . . : C4-B3-01-CB-68-28
   DHCP 已启用 . . . . . . . . . . . : 是
   自动配置已启用. . . . . . . . . . : 是

以太网适配器 本地连接:

   连接特定的 DNS 后缀 . . . . . . . : localdomain
   描述. . . . . . . . . . . . . . . : Intel(R) PRO/1000 MT Network Connection
   物理地址. . . . . . . . . . . . . : 00-0C-29-2F-27-32
   DHCP 已启用 . . . . . . . . . . . : 是
   自动配置已启用. . . . . . . . . . : 是
   本地链接 IPv6 地址. . . . . . . . : fe80::ac2e:1808:8515:1422%11(首选)
   IPv4 地址 . . . . . . . . . . . . : 192.168.225.142(首选)
   子网掩码  . . . . . . . . . . . . : 255.255.255.0
   获得租约的时间  . . . . . . . . . : 2020年2月25日 13:30:23
   租约过期的时间  . . . . . . . . . : 2020年2月25日 14:00:29
   默认网关. . . . . . . . . . . . . : 192.168.225.2
```

图5-3-10　查找MAC地址（3）

应用程序的“身份证”

我们继续揭秘计算机通信的过程。

数据已经到达了对应的计算机。但是，计算机上有很多的应用程序都连接着互联网，它们都在同时运行，那么这个到达的数据应该分配给哪个应用程序呢？

跟计算机的“身份证”一样，我们也需要给应用程序一个独一无二的“身份证”，不过这个标识就不需要全世界唯一了，它只要在这台计算机上是唯一的就可以了。这个“身份证”就叫作**“端口”**。

两台计算机通过互联网进行数据交换的时候，实际上是两台计算机上的两个软件在交互，这两个软件在各自计算机上都需要由端口标示出来。也就是说，无论请求方还是接收方都需要有端口。

在计算机的世界里只有数字，所以这个端口其实就是一个数字。因为计算机能同时运行的软件是有限的，所以这个数字不需要很大，只要是0至65535之间的一个数字就足够了。当一个软件需要访问互联网或者准备接收互联网上的请求时，操作系统就会给它分配一个端口，同时记录下这个端口和软件进程之间的对应关系，当数据到达的时候，就可以根据对应关系找到相应的软件。

又到动手时间了，我们一起来看看计算机上当前正在使用的端口吧！我们还是以台式计算机为例，首先，打开cmd软件，具体操作步骤如上，大家可以复习一下前节讲过的内容。

在cmd界面中输入“netstat -an”命令，并敲击回车键，如图5-3-11所示，cmd就会列出当前计算机上正在被使用的端口。

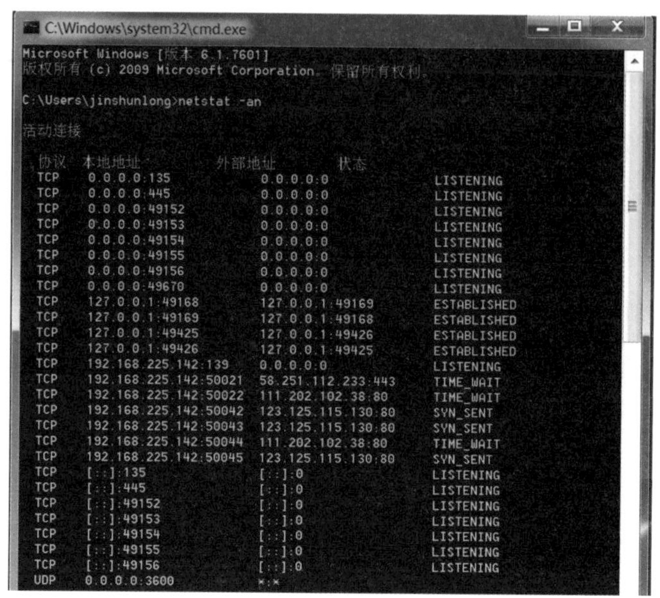

图5-3-11 查看当前计算机上使用的端口

我们可以看到，被列出的信息一共有4列，分别是协议、本地地址、外部地址和状态，下面分别来解释一下。其中，本地地址和外部地址就是接收方和发送方的具体地址，比如“192.168.225.142:139”，前面用点分隔的4组数字是IP地址，冒号后面的是端口号，它们在一起组成了一个完整的地址。最后一列是状态，顾名思义就是这次连接的当前状态，包括等待数据、发送数据，等等。

给IP地址起个好名字

上节我们聊到，一个完整的地址是IP地址加上端口号，有了它们，我们就可以访问世界上所有计算机上的任意一个软件。我们天天都在访问的互联网，其实就是服务器上的网络服务软件。

但是，互联网上提供的服务实在太多了，记录下每个IP地址实在太难了。不过没关系，计算机给我们提供了更好记的名字，我们可以用人类的语言给IP地址命名，这个新名字就叫作**“域名”**。

我们每天访问各种网页，其实都是通过域名来访问的，比如我们访问搜索网站百度时，只需要在浏览器地址栏输入“www.baidu.com”就可以了，“www.baidu.com”就是百度的域名，这个域名比IP地址好记多了。

那么，域名是怎样转换成IP地址的呢？域名的转换跟IP地址的分配一样，也是由国际组织来管理的。将域名解析成IP地址的系统叫作**“DNS”**。“DNS”是“Domain Name System”的缩写，翻译成中文就是“域名系统”。

当我们的计算机连入一个局域网的时候，局域网的网络设备就会自动给我们的计算机分配一个IP地址，同时，也会给我们一个默认的DNS服务器地址。默认情况下，我们可以通过这个DNS服务器来访问互联网。

不过光有域名还不行，域名加上端口号才是一个完整的地址，端口号需要被逐个记忆，如果互联网上的每个服务都使用不一样的端口，我们就得记忆一堆端口号，这样非常麻烦。

这个问题当然也有办法来解决。我们可以约定同类服务使用相同的端口号，比如所有网页都使用“80”这个端口号，当我们访问一个网页的时候，就只需要输入域名，不用输入端口号了。当然，这需要所有的网站服务器都遵守这样的约定。

到这里，我们就完美解决了IP地址难记的问题。下面，我们把访问百度网站的整个过程回顾一下，如图5-3-12所示。

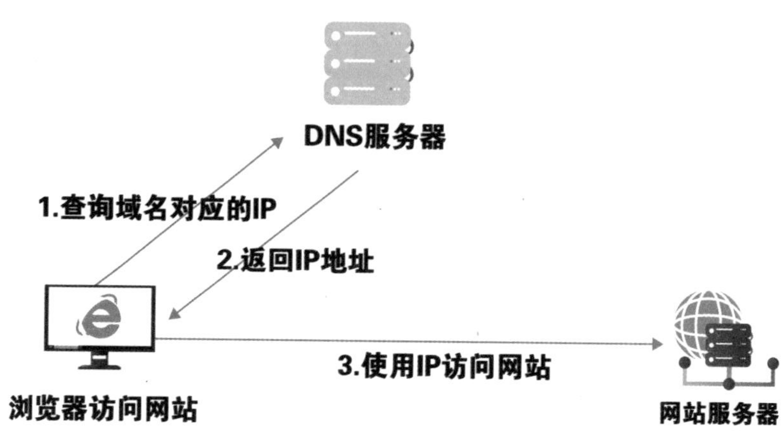

图5-3-12　通过域名访问网站示意图

首先，当我们的计算机连入一个局域网的时候，局域网的网络设备就会给我们的计算机分配一个IP地址和默认DNS服务器的IP地址。

然后，当我们在浏览器上访问“www.baidu.com”的时候，操作系统会将域名“www.baidu.com”发送给DNS服务器，DNS服务器解析“www.baidu.com”这个域名，并告诉我们它实际的IP地址。

最后，我们的浏览器会将端口号“80”拼装到IP地址，就可以得到真正的百度服务器地址，然后向该服务器发起请求，百度服务器接收到请求后，发送给我们相应的页面内容，浏览器再将其展示出来。

这样就完成了访问百度网站的整个过程。

下面又到了我们的动手时间，让我们一起来找找计算机的DNS地址吧。

如图5-3-13所示，首先，我们按前文说过的方法，找到并打开cmd软件，忘记的小朋友可以翻到前面复习一下哦。我们打开cmd软件后，输入“ipconfig /all”命令，没错，和之前的命令是一样的，接着我们就可以看到本机所有的网络配置信息了。如图5-3-13中的红色部分，就是当前计算机的DNS服务器地址。我们可以看到这个DNS地址没有端口号，这是因为DNS解析服务也是常见的服务，我们已经约定了它的端口号，这个端口号就是“53”。

图5-3-13　计算机上的DNS地址

域名是怎样被解析成IP地址的呢？我们来动手试试吧。如图5-3-14所示，在cmd软件界面中输入“nslookup baidu.com”命令，这个命令就会通过DNS服务器帮助我们解析域名，可见“www.baidu.com”的IP地址就是“220.181.38.148”。

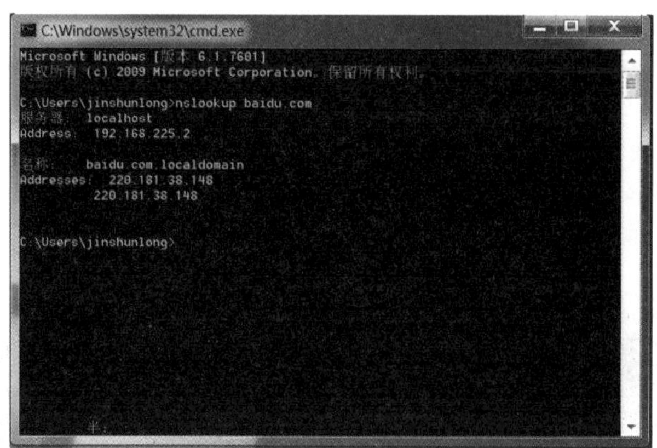

图5-3-14　解析百度的域名

前面我们聊了一个计算机与另一个计算机通信的过程，这个过程和快递很像，数据要经过运营商网络设备层层传递，才能到达目的地。那么，我们能不能看看数据传输途中经过了哪些服务器或网络设备呢？当然是可以的，操作系统为我们提供了“tracert”命令，以访问百度网站为例，如图5-3-15所示，在cmd软件中输入“Tracert baidu.com”命令，我们就可以看到数据从我们的计算机到百度的服务器，一共经过了10次传递。

```
C:\Documents and Settings\Administrator>Tracert baidu.com

Tracing route to baidu.com [220.181.111.86]
over a maximum of 30 hops:

  1    52 ms    56 ms    46 ms  116.24.148.1
  2    27 ms    35 ms    39 ms  116.24.148.1
  3    69 ms    76 ms    69 ms  113.106.43.161
  4    28 ms    41 ms    28 ms  119.145.45.21
  5    46 ms    27 ms    32 ms  119.145.45.185
  6    72 ms    60 ms    62 ms  202.97.56.13
  7    79 ms    94 ms    63 ms  220.181.16.18
  8    70 ms    65 ms    64 ms  220.181.0.30
  9    96 ms    62 ms    76 ms  220.181.17.18
 10     *        *        *     Request timed out.
 11    69 ms    60 ms    61 ms  220.181.111.86

Trace complete.
```

图5-3-15　从我们计算机到百度服务器的中转流程

沟通三次才能确认

到这里，我们聊完了从一台计算机到另一台计算机的整个通信过程，这中间涉及IP的分配、路由和域名服务等。这需要计算机、网络设备和服务器之间频繁交互。交互时要有规则，这个网络通信规则就叫作**"IP协议"**。

网络设备和计算机的软件、硬件都是由不同的厂商生产的，如果没有一个规则，大家就很难共同协作。所谓IP协议，就是由国际组织讨论制定的，在两台计算机通信过程中，各个设备之间如何进行协作的办法。通过它，我们实现了一台计算机与另外一台计算机的通信。

这就像小朋友们一起玩游戏，首先就得约定好规则，比如捉迷藏，负责找的人不能偷看，要等大家藏好之后再开始，等等。没有这些规则，游戏就玩不下去。同理，IP协议就约定了各个软件和硬件厂商要想协作而必须遵守的规则。

两台计算机要想真正地互动起来，光有IP协议还是不够的。这其中最大的问题是，计算机之间的网络连接是非常不稳定的。前面我们聊过，为了让两台计算机能够通信，我们搭建了非常复杂的网络结构，它们由大量的网络设备和服务器构成，它们之间的交互也非常复杂，复杂就意味着容易出故障。

同时，连接它们的物理介质也并没有想象的那么可靠，尤其是跨国的网络连接。比如我们跟美国之间的网络是通过太平洋下的海底光缆来连接的。如图5-3-16，我们国家铺设的海底光缆连通世界各地，但是，这些光缆都需要定期维护才可以正常使用。

图5-3-16　海底光缆示意图

即使排除了以上这些问题，由于全世界的计算机都在使用网络，所以也会在某些节点出现拥堵的情况。一旦发生故障或拥堵，计算机与计算机之间的数据通信就会中断。那么，如何来解决这个问题呢？

在这种不确定的环境下，我们是没有办法彻底让网络不出现故障的，我们可以做到的是如何在网络不好的情况下仍然能继续通信，当然这里的“不好”指的是偶尔、暂时的不好。最简单的办法就是，如果发现数据没传递成功，就再传一次。但是，我们怎么知道数据有没有传递成功呢？

我们来举一个例子方便我们理解，比如说老师给我们布置作业，第二天我们没有按要求完成作业，可能有以下两种原因：第一种是我们没有听到老师布置的作业；第二种是我们听到了，但是理解错了老师布置的作业。

那么该怎样解决这个问题呢？这就需要我们跟老师之间进行多次确认。比如，老师布置完作业后，让我们再复述一遍，老师就能知道我们有没有听到，以及有没有理解作业的内容；接着，老师听完我们的复述之后，还要给我们一个反馈，帮我们确认自己的理解是否正确，如果理解得不对，老师就要再解释一遍。

这是我们在真实生活中解决类似问题的办法。计算机之间也要经过三次沟通才能确保信息正确地传递给了对方。下面，我们就来详细地聊一聊这三次沟通。

假设两台计算机A和B要互相传递数据。首先，A将数据传输给B，这是第一次沟通；A此时并不知道B有没有收到这个数据，所以需要B将确认收到的消息回传给A，这是第二次沟通；这时候B并不知道A有没有收到它的确认消息，所以，A需要将确认收到的信息传给B，这是第三次沟通。三次沟通过后，A和B才能互相确认数据传递成功了。在三次沟通中，任何一次沟通出现问题，A和B都要重新发送数据，一直到双方都确认数据传递成功。

但是，如果需要传递的数据特别大怎么办？如果我们选择一次性传递过去，在传输过程中出现了任何问题，都需要频繁地重复传递，这就容易造成整个网络的堵塞，而且对网络的利用率也不高。所以，我们通常把大数据切分成小块数据，一小块一小块地传，如果某块数据传递失败，只需重新传递这一小块。

但这样就出现了另外一个问题：小块数据传递过去之后，怎么再拼装成大的数据呢？比方说，我们把大块数据切分成10块，然后按照顺序发送出去。但是，因为网络不稳定，对方收到的顺序可能是错的，比如先收到了第五块，然后才收到第一块，所以，要想拼装起来，每个小块数据中还得带着序号才行，这样对方就可以按照序号重新组装数据了。

到这里，我们通过制定规则，解决了如何可靠地传输数据的问题。

这些规则也组成了一个协议，叫作**“TCP协议”**。“TCP”是“Transmission Control Protocol”的缩写，翻译成中文叫作“传输控制协议”。这个协议定义了网络传输过程中，各个计算机和网络设备为了可靠地传输数据需要共同遵守的规则。

我们继续来观察现实中的快递，当我们给朋友寄送物品的时候，我们将物品交到快递员手中后，快递员会将我们的物品打包，并将地址等信息贴在打包后的包裹上。如图5-3-17所示，贴有信息标签的包裹会被统一运输，在运输过程中，各个站点只需要查看包裹上的这些信息就可以完成工作。

图5-3-17 被统一运输的快递包裹

计算机每次传递数据也是如此。当计算机需要发送数据的时候，它也会先将数据打包，将IP协议和TCP协议需要的信息，即IP协议包和TCP协议包包在外层，组成一个“包裹”。这样，当各个节点的网络设备接收到这个“包裹”的时候，只需要读取这些“包裹”上的信息就可以进行网络的传递了。

如图5-3-18所示，这就是我们每次传递的数据包裹。最里面的数据才是我们实际需要传递的，它的外面是TCP/IP协议包的数据。这种结构其实很像俄罗斯套娃（如图5-3-19所示）一层套着另一层。

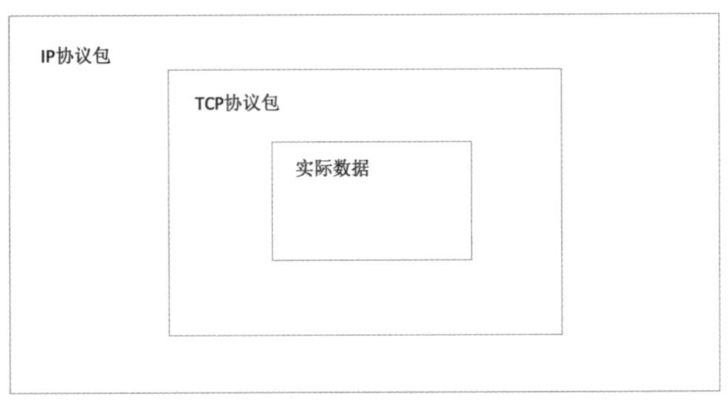

图5-3-18 TCP/IP协议数据包结构

图5-3-19 俄罗斯套娃

IP协议包的信息在最外层，它记录着目的地的IP地址等信息，通过利用这些信息，网络中的各个设备就可以将包裹传递到目的地。IP协议包里面是TCP协议包，TCP协议包记录着双方计算机三次沟通的信息，以及当前数据块的序号信息等，通过使用这些信息，双方的计算机可以决定是否需要重传数据。

不过在有些场景下，我们并不需要TCP协议那么严格的规则来保障数据的传递。比如，我们看直播时，直播的视频流通过服务器传输到我们手机上，视频有非常多帧的图像，如果其中一帧在传输中出现了问题，我们完全可以丢弃它，因为我们只需要用到最新的一帧，旧的数据不需要被再次传递。

这时候，我们需要另外一种协议，它叫**“UDP协议”**。UDP是“User Datagram Protocol”的缩写，翻译成中文叫作“用户数据报协议”。这种协议不像TCP有三次沟通的过程，它不保障数据一定传输到目的地，只会尽力传递最新的数据。如图5-3-20所示，这是UDP/IP协议数据包的结构。

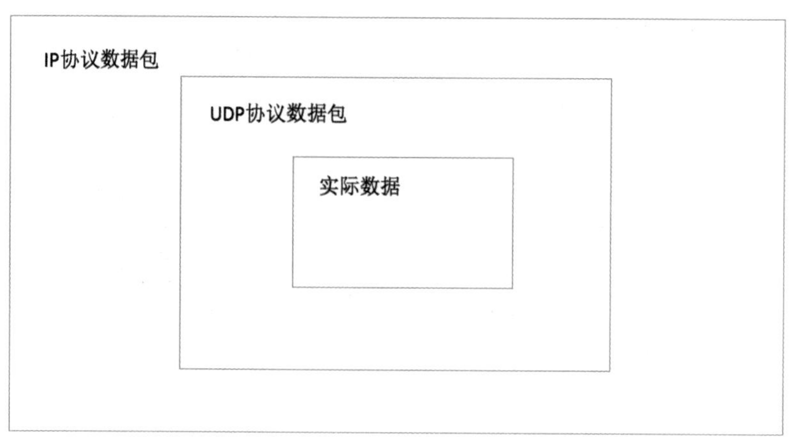

图5-3-20　UDP/IP协议数据包结构

TCP/IP协议数据包和UDP/IP协议数据包就是计算机世界里的包

裹，它们共同保障了各种场景下网络数据的传输。

IP、ICANN、DNS、MAC、TCP、UDP……不知道大家是不是已经被这些英文缩写搞晕了呢？给你一个小建议：可以找一张纸，把这些缩写和它的含义都列到纸上去，比较一下就会清楚很多哦！

第 4 节 计算机和人类共同的家园——互联网

到此为止，我们已经讲完了整个计算机网络的基础设施。正是在这个基础上，互联网逐渐繁荣了起来。我们在互联网上学习新的知识、结交新的朋友、嬉戏玩耍……互联网已经成为我们和计算机共同的家园。那么，这个家园是如何被建立起来的呢？又是如何一步步变成今天这个样子的呢？下面，我们就聊一聊这个话题。

互联网的历史

首先，我们来看看互联网的发展历史，看看它是如何一步步变成今天这个样子的。

就像计算机一样，互联网最早只在一些专业领域供专业人士使用，因为早期的计算机和互联网太过复杂了，只有科研人员才会使用。而且，早期的互联网上也没有这么多软件，普通人并没有意愿去使用它。

互联网起源于1969年的美国，最早只应用于美国军方内部，后来这个网络又将一些知名的大学科研机构连接了起来。为什么要把计算机连接起来呢？原因很简单，这是因为早期的计算机既笨重又昂贵，把它们连接起来，大家就可以共享了。

随着接入的计算机数量越来越多，越来越多的人把互联网作为通信和交流的工具，一些公司也陆续参与进来。这就像我们身边的购物区，最开始可能只有几家商店在售卖东西，随着人流越来越多，也就有更多的商家选择在这里开店，逐渐就形成了大的集市，甚至大型的购物中心。互联网的发展也是如此。

但是，互联网要想普及，还得解决一个根本性问题，那就是使用它太复杂了。当时既没有浏览器，也没有现在这些各式各样的软件，只有懂得网络协议的专业人士才能上网。

1989年，一件重要的事件发生了。欧洲粒子物理实验室开发出了“万维网”（WWW，World Wide Web），意思是覆盖全世界的网络。这就是我们今天使用的互联网的基础。可以说没有万维网，就没有今天丰富多彩的互联网世界。

互联网其实有很多个“小名”，比如“因特网”。“因特网”其实是从互联网的英文“internet”音译过来的。我们也常用“万维网”指代互联网。

万维网为什么这么牛呢？其实很简单，它将大家使用互联网的难度大幅降低了。还记得我们用编程语言来编写代码吗？编程语言是介于我们人类语言和计算机语言之间的桥梁语言，它大幅降低了我们跟计算机交流的难度。万维网也是如此，它大幅降低了我们在互联网上传递和编写文本信息的难度。

万维网是如何做到这一点的呢？

首先，普通大众并没有办法直接访问互联网上的内容，他们需要使用专用的软件来实现，这就是浏览器。蒂姆·伯纳斯-李（Tim Berners-Lee）在1990年发明了第一个网页浏览器World Wide Web（和万维网同名），此浏览器后来改名为Nexus。这就是世界上第一个浏览器。人类第一次将网页用图形界面的形式展示出来。

浏览器是怎么把文本信息展示出来的呢？这还得依靠另外一个编写文本信息的语言，没错，就是我们介绍过的HTML。

1990年，蒂姆·伯纳斯-李创造了HTML语言。用HTML编写的超文本文档被称为HTML文档，也就是我们今天熟悉的网页。我们用HTML将需要表达的信息按某种规则编写出来，浏览器软件就可以将它们展示出来。HTML更贴近我们人类的语言方式，也更擅长描述我们人类的信息。小朋友们可以复习一下前面我们介绍HTML的内容哦。

1995年，布兰登·艾奇（Brendan Eich）设计了编程语言JavaScript，JavaScript可以直接操作网页的内容，和HTML紧密配合，大大提升了网页的互动性。

有了HTML和JavaScript，我们就可以方便地编写各种网页了。那么，这些网页是怎样在互联网上传递的呢？万维网采用了一种叫**HTTP**的传输协议。HTTP是“HyperText Transfer Protocol”的缩写，翻译成中文叫“超文本传送协议”。它是建立在TCP/IP协议之上，专门为文本传输设计的协议。如图5-4-1所示，传输数据时，HTTP协议包位于TCP协议包之内。HTTP协议为文本信息的传递，也就是网页内容的传递，提供了非常多的支持。

图5-4-1　HTTP协议数据包

我们在这里又接触了一个协议。小朋友们把它跟前面的协议比较一下吧，别把它们弄混了！

HTTP、编程语言（HTML和JavaScript）和浏览器软件“三剑合璧”，使得属于互联网的时代终于到来。使用互联网的人越来越多，相应的，为互联网编写软件的人和公司也越来越多，浏览器软件开始快速迭代。

今天的浏览器软件已经非常强大，我们现在常用的浏览器有Chrome、IE、Firefox等，看看这其中有你熟悉的吗？

互联网上的网站和网页越来越多，而想找到自己真正需要的信息变得越来越困难，这时候搜索引擎异军突起。比如我们前面提到的百度，它就是一个搜索引擎，我们只需要在搜索框中简单地输入关键词，就可以搜索全世界的网页，找到自己需要的内容，这极大地方便了我们在互联网上查找信息，越来越多的人由此开始使用搜索引擎。

随着HTTP、HTML、JavaScript、浏览器和搜索引擎的相继出现，互联网一步步发展繁荣起来，成为我们生活中不可或缺的一部分。

划时代的HTTP协议

上节我们聊到HTTP协议解决了文本传输的问题。那么，它具体是怎么解决的呢？

我们可以把一次HTTP请求看作一次浏览器上的网页访问，服务器接收到请求后，给浏览器返回文本内容，浏览器再把它展示出来。我们动脑想想在这中间会碰到什么问题。

首先，一个网站会提供非常多的网页，我们怎么来访问这些网页呢？就像我们给网站提供一个域名作为地址一样，我们也得给每个网页分配一个地址才行，这个地址就叫作“**URL**”。URL是“Uniform Resource Locator”的缩写，翻译成中文是“统一资源定位符”，这就是咱们经常用到的网址了。

一个URL地址可分为四个部分，我们以网址“http://tieba.baidu.com/index.html”为例。第一部分是协议标识，即“http”，代表需要通过HTTP协议来访问它。第二部分是域名，即“tieba.baidu.com”。第三部分是这个网页在网站中的路径，即“/index.html”。第四部分在哪呢？其实就是这个网站的端口号，还记得吗？HTTP默认的端口号是80，也就是说这个地址完整的写法应该是“http://tieba.baidu.com:80/index.html”，只不过由于默认HTTP协议的端口号都是80，所以就把它省略了。通过使用URL，我们就可以访问一个网站上所有的网页了。

其次，浏览器要想把网页内容展示出来，就得知道服务器返回的内容是什么类型的。如果是HTML页面，浏览器就要解析HTML文件并将内容展示出来；如果是JavaScript代码，那就需要解析这个脚本并执行；如果是图片或视频，就要用相应的展示方式将其展示出来。所以，HTTP协议里要写明内容类型，以便浏览器进行相应的处理。

同时，浏览器还需要知道这次请求返回的文本信息有多大，只有知道了文本信息的大小，浏览器才能确定网页有没有加载完毕。再就是要知道信息的编码和压缩方式，只有知道了这些，浏览器才能知道怎么去解码信息。

另外，互联网的网络带宽毕竟是有限的，每次通过网络传输的数据越多，浏览器加载的时间就越长，我们得想办法加快这个速度。我们可以看到，互联网上的大部分网页信息都有一个规律，它们都不是时时刻刻更新的，比如一篇新闻的网页，从它被发布的那一天起，几乎就不再被修改了。我们可以把这种信息缓存到浏览器本地，当我们下次再来查看的时候，如果信息没有被修改过，浏览器就可以直接从本地读取该数据并将其展示出来。

HTTP协议是怎么支持这个功能的呢？我们每次访问一个网页的时候，浏览器都会发起一次HTTP请求，如果当前页面浏览器有缓存，那么HTTP请求就会带上当前缓存数据的更新日期，服务器端接收到这个日期，判断内容有没有被修改过，如果没有被修改，服务器就会给我们返回一个HTTP状态码，而不需要重新传递网页的整个内容。浏览器通过判断这个状态码来决定是否使用本地的缓存，这就大大节约了网络带宽，同时加快了网页的展示速度。

HTTP协议定义了很多状态标识来同步这样的信息，比如304状态码，就是用于标示网页内容没有过期的，浏览器读取到这个状态码就会直接从浏览器缓存中加载网页数据；再比如200状态码，它标示着这次HTTP请求成功；还有404状态码，我们有时候在浏览网站时会碰到，出现它就说明该网站已经将这个网页的内容删掉了；再比如500状态码，说明网站的服务器出现了报错，工程师要经常处理这个状态码的问题，具体的状态码对应的含义如表5-1所示。

表5-1 状态码含义

状态码	含义
304	文档的内容（自上次访问以来或者根据请求的条件）没有改变
200	请求已成功，出现该状态码表示是正常状态
404	请求失败，请求所希望得到的资源未在服务器上发现
500	服务器遇到了一个未曾预料的状况，导致它无法完成对请求的处理

最后，互联网上有些信息是可以完全公开的，有一些是我们不想公开的，只想让一部分人可以看到。比如我们上网课，只有已经报名缴费的同学才能上课，没有报名缴费的同学就不能上课。对于这种情况，HTTP协议也做了支持。

想想我们在上网课的经历。我们需要先用账号和密码进行登录，只有登录成功后才可以正常上课。但我们正常访问一个网页，一次请求对应一次响应，不同请求之间是没有联系的。用账号和密码登录是一次HTTP请求，进入直播间上课是另外一次HTTP请求。

那么，我们怎么知道有上课请求的同学有没有登录呢？

HTTP提供了**“cookie”**来解决这个问题。cookie翻译成中文是“小甜饼”的意思，是不是一个很可爱的名字？在HTTP协议里，它是指一段不超过4 KB的小型文本数据，这段数据的神奇之处就是它可以被存储在浏览器本地，当我们访问这个网站的各个网页时，它会自动将这些数据附加到每次请求的数据中，传递给服务器。对同一个网站的不同请求就通过cookie关联起来了。

我们来整理一下HTTP协议解决这个问题的过程。首先，当我们用账号和密码登录网站的时候，我们将账号和密码数据通过网络传递给服务器，服务器验证我们的账号和密码，如果验证正确，服务器会生成一个令牌数据放置到HTTP的cookie信息中，浏览器接收到这个数据就会将令牌信息存放到本地浏览器中。

然后，我们进入上课页面，这时候，上课请求就会自动带上浏览器本地的cookie数据，服务器在收到这个数据后，就会验证cookie中的令牌，如果令牌正确，就允许我们继续上课。你看，HTTP协议通过cookie的机制巧妙地完成了这个任务。cookie的机制可以让我们在访问同一个网站的不同页面时，记录访问的状态信息。

下面又到了我们的动手时间了，我们去实际看一下浏览器是怎么通过HTTP协议访问一个网站的吧。我们还是以用Chrome浏览器访问百度网站为例。

首先，我们打开Chrome浏览器，在浏览器页面的空白处单击鼠标右键，如图5-4-2所示，点击“检查”菜单。

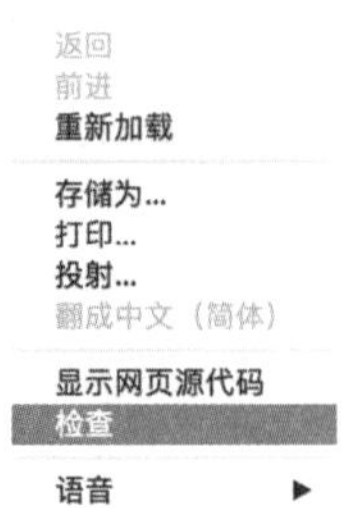

图5-4-2　在网页的空白处单击鼠标右键

接着，浏览器会弹出Chrome的检查工具，如图5-4-3所示，我们可以在这里看到浏览器通过HTTP访问网站的全部过程。

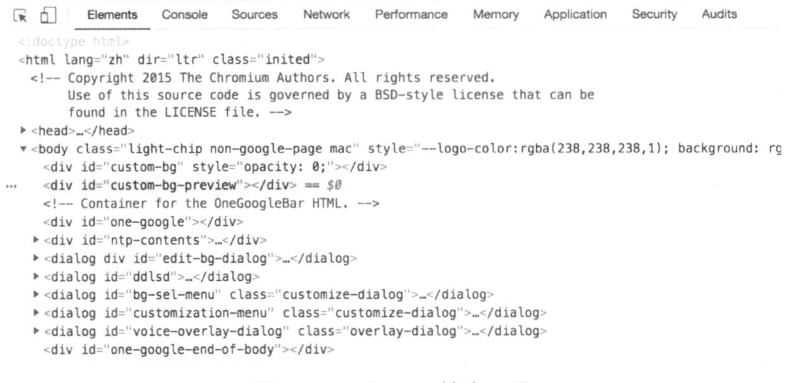

图5-4-3　Chrome检查工具

我们在浏览器地址栏中输入百度网站的域名“www.baidu.com”，单击键盘“Enter”键，浏览器就向百度网站发起一次HTTP的请求。这时候浏览器的检查工具就会记录下整个请求和返回的过程。如图5-4-4所示，在“Elements”标签下，显示的就是服务器返回的HTTP内容，这就是浏览器当前页面的HTML代码。

图5-4-4　百度首页HTML代码

我们选中检查工具的“Network”选项，这里列出了这次HTTP请求的整个过程。如图5-4-5所示，首先，“Headers”里列出了HTTP协议的附带信息，其中的“Request URL:https://www.baidu.com/”中，“Request URL”是“请求URL”的意思，表示当前请求的URL是https://www.baidu.com；“Status Code: 200 OK”，表示服务器返回的状态码（Status Code）是200，这次请求成功（OK）了。

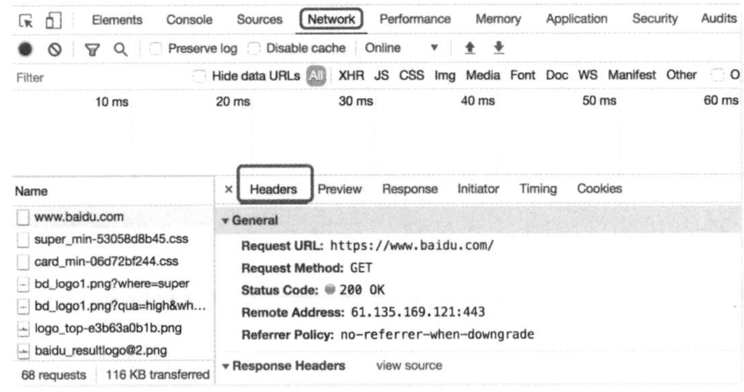

图5-4-5　百度首页HTTP请求过程

当前内容的格式和编码也在Headers这里被显示了出来，如图5-4-6所示，这里的“Content-Type: text/html;charset=utf-8”意为这个网页的内容类型（Content-Type）是HTML文件（text/html），编码（charset）方式是utf-8（utf-8是一种文本的编码方式，定义了数字和文字之间的对应关系）。浏览器可以根据这些信息来展示整个页面。

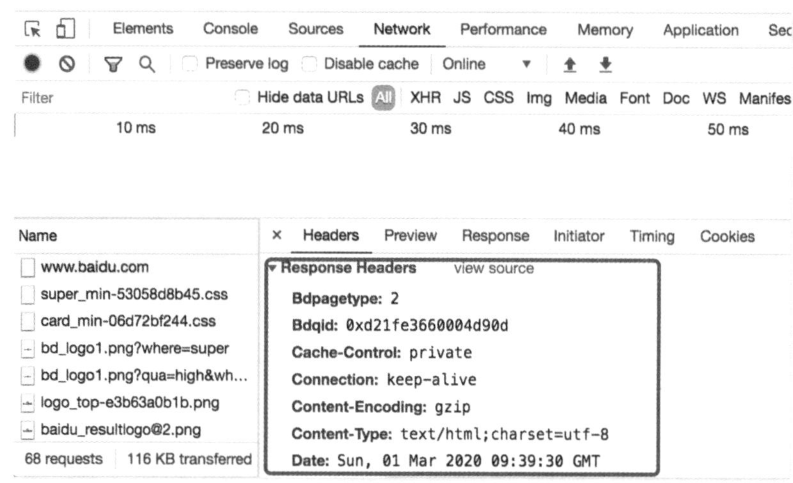

图5-4-6 百度首页HTTP的Headers

最后，如图5-4-7所示，我们点击“Cookies”选项，就能看到HTTP返回的cookies信息了，这里我们可以看到，百度网站也给我们返回了cookies的信息，这些信息都会被记录到浏览器的缓存里，以便下次再发起对百度网站的HTTP请求的时候，这些数据也会再次被传给服务器，通过这些信息，百度后台的服务器就可以定位到是哪个浏览器的请求，从而记录我们通过这个浏览器都搜索了哪些内容。通过这些数据，百度服务器就可以了解我们对哪些信息感兴趣，从而主动推荐我们感兴趣的内容。

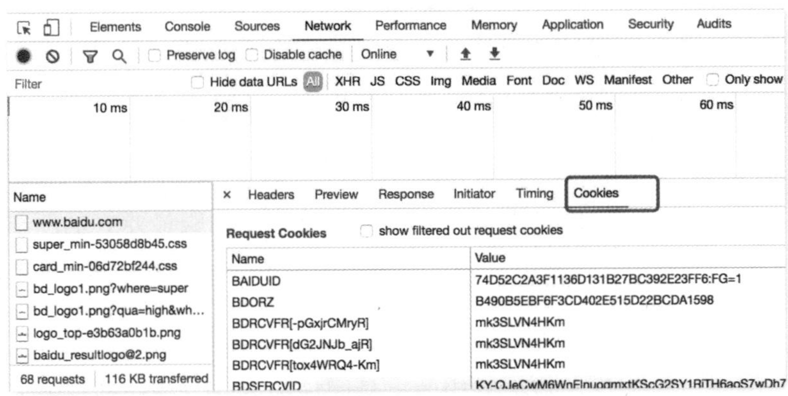

图5-4-7　百度首页HTTP的cookies

网络安全

随着互联网基础设施的完善，越来越多的人开始在互联网上传递信息和交流，互联网“社区”的“居民”越来越多，这也带来了一个非常严重的问题，那就是怎么保证大家在互联网上传递的信息是安全的呢?

当我们登录一个网站的时候，我们的账号和密码都是要通过网络传递给服务器进行验证的，而这个网络传递的过程可能会经过非常多的网络节点和设备，中间过程越多，就越有可能被窃取甚至篡改。

比如，我们到了一个陌生的地方，连上了陌生的Wi-Fi局域网络，当我们上网的时候，我们所有的数据都会通过这个局域网来和外界进行交流，如果这是一个恶意的Wi-Fi局域网，那么，我们的数据就可能会被窃取和篡改。

怎么保证数据不被窃取或篡改呢？毕竟数据是在整个互联网中传递的，数据泄露这件事情几乎是无法完全避免的。但是，我们可以做到的是，即使数据被窃取了，对方也无法获取真实的信息，或是即使数据被篡改了，我们也能马上发现。这该怎么做到呢？

小朋友们，你们有没有过这样的体验，就是跟最要好的朋友之间设计一个只有你俩能懂的暗号，即使你们当着其他人的面用暗号交流，别人也不知道说的是什么，但是你俩对彼此的意思心领神会。

其实，我们保护数据采用的也是同样的方法，即让数据的发送方和接收方提前约定好暗号，然后通过暗号来发送数据。这种暗号就叫作密码。下面，我们就来聊一聊密码。

其实，密码是一个非常古老的技术，早在几千年前，就已经在军事领域得到广泛应用。这个很容易理解，你想一下，两军交战前如果泄露了己方的消息，那后果会是极其严重的，但国家的君主和远征的将领之间，以及分头作战的各个军队之间，肯定需要频繁地传递消息。那该怎么办？这时使用的就是各种“暗号”。

比如在古代中国的兵书《六韬》（又称《太公兵法》）中就有使用阴书和阴符的例子，阴书和阴符就是古代的密码工具。阴符主要用于君主和领军主将之间的沟通，它的窍门就是通过不同的长度来表达不同的信息，比如，长一尺，就代表我军大获全胜了；长九寸，就代表我军攻破敌军，并杀敌主将……但阴符能传递的信息还是有限的，阴书就是用来解决这个问题的。阴书其实就是书信，但是它会把书信拆成多份，分别派人去送每一份，只有把所有部分合在一起才能读懂全部的内容，这样，即使其中一份被敌人发现了，他也无法破解。

再比如，古代欧洲罗马共和国的独裁官恺撒（恺撒原名为Gaius

Julius Caesar，也被称作恺撒大帝，他可是欧洲历史上鼎鼎大名的军事家、政治家），他也发明了一种密码用于军事行动。我们都知道英文中有26个字母，他的办法就是将英文信件中每个字母，都按照在字母表中的位置往后移动几位，比如字母A往后移动一位，就是字母B，往后移动两位就是C……移动后就会得到一个新的字母，新字母就拼成了加密后的信件。这种信件哪怕被敌人发现了，如果不懂其中的规律，也无法翻译出来。

计算机的密码技术也是同样的道理。我们都知道计算机的世界里只有数字，一个最简单的加密方式就是把每个原始数字加上另外一个数字，这样就得到了加密后的数字。只有接收方知道加的数字是多少，这样才能减回去得到原始的数字，而其他人不知道这个规则，就无法破解真实的数据。

当然，实际上计算机的密码技术要比这个做法复杂得多，但是原理都是一样的，那就是找暗号，要找到别人不容易破解的那种暗号。

数据不怕被窃取的问题解决了。那么，怎样来保护数据不被篡改呢？

实际上这个技术很早就有了，如图5-4-8所示，没错，这就是封印。只要封印没被破坏过，就说明里面的东西没有人动过。

图5-4-8　蜡的封印

同样的道理，计算机在传输数据的时候，除了发送数据之外，也可以额外发送一个“封条”数据。这个封条数据是怎么得来的呢？依然是约定的暗号，比如我们可以把真实数据的每个数字都加起来得到一个值，将这个值作为“封条”一起发给接收方。接收方拿到数据后，就可以按照这个“封条”进行校验，把真实数据的每个数字相加，得到的结果和封条数据做对比，如果结果相同，就说明这个数据没有被人篡改过，如果不同，就说明有人对数据动过手脚，我们就可以拒绝接收这个数据。

在这个例子里，“把数字相加”就是一个约定好的规则，只有发送方和接收方知晓这个规则，别人不知道。别人就算修改了数据，由于不知道“封条”的计算规则，就不会重新计算封条的数据，那么，接收方很容易就可以将其识破了。

当然，计算机真实的密码算法要比我们刚才说的复杂得多，但基本的原理是一样的。所谓的密码算法其实就是约定暗号的规则。密码技术就像互联网的门锁，它们保护着互联网社区的安宁。一旦信息遭到泄露就可能会造成非常大的经济损失，比如万一我们的银行账号和密码被盗，损失就会非常严重。正是因为有利可图，所以犯罪分子才会想尽办法破解密码算法。这是一个“道高一尺，魔高一丈”的过程，这个过程也促使着密码技术的飞速发展。

最后，我们自己也要有相应的安全意识。我们对于重要的账号不要设置过于简单的密码，比如“123456”。另外，最好定期修改密码，增加犯罪分子破解的难度。我们也不要随便连接陌生的无线网络。

第5节　万物互联的时代

互联网已经成为我们人类和计算机共同的家园，并且这个家园还在持续地扩张中，它正在把万事万物都连接起来，带领我们进入“万物互联”的时代。

当然，所谓的“万物互联”，并不是所有的事物都像童话故事里那样都有了自己的意识或是它们都能上网了，而是说计算机能够感知到它们的信息，无论它们距离我们多远，我们都能通过网络感知甚至操纵它。感知这些事物的设备，叫作**“传感器”**。

我来举个例子。比如我们和爸爸妈妈去外地旅游时，如果担心家中养的鱼的活跃情况，我们就可以通过手机连接到家中的摄像头，通过摄像头看到它们；我们还可以通过手机连接智能鱼缸，通过鱼缸的传感器了解鱼缸中的水质和温度如何；我们还可以通过手机给鱼宝宝们喂食，为它们清理水中的垃圾，等等。我们虽然身在千里之外，但是就好像还在家中一样。

其实，我们对传感器并不陌生，手机上就有很多这样的设备。比如画面的传感器——摄像头，它可以将外界的景象拍摄成照片；

再比如声音的传感器——麦克风，我们可以利用它录制各种声音。类似的传感器还有很多，它们有感知温度的，也有感知气味的，等等。通过这些传感器，我们可以把自然界的力、热、光、电、声以及生物的各种信息统统转化成计算机的数字语言。就这样，万事万物通过传感器连接到互联网之上，这些信息经过计算机和互联网呈现给我们，我们再根据这些信息进行决策，最后将我们的决定传递给计算机，计算机就可以通过操作电动的机械设备来操纵外界事物。

这就是我们正在进入的“万物互联”的时代：在这个时代，自然界、计算机、机械设备和我们人类都被互联网连接起来，互相之间的信息传递越来越高效，这极大地改变了我们的生活。

智能汽车

智能汽车通过光传感器将汽车周围的景象拍摄下来。这些景象被传递给汽车上的计算机，计算机通过分析数据给驾驶员提供相应的提示，比如前方出现了行人，计算机就会提示驾驶员要减速。甚至还有一些操作，计算机可以自动完成，比如直接使汽车减速甚至刹车。

不过，在这个时代我们也会遇到各种各样的问题。最大的问题就是万物互联后，传递到互联网上的信息越来越多，传播速度也越来越快，人类已经无法及时地去处理。这该怎么办呢？在第6章中我们将继续来聊这个话题。

第6章

有“智慧”的计算机——人工智能

在这个万物互联的时代，各种新信息层出不穷，已经远远超出了人类的处理能力，那该怎么办呢？办法很简单，就是让计算机变得“聪明”起来，帮我们完成更多的事情。

举个例子，为了维持交通秩序，大家开车经过路口的时候，都要遵守“红灯停、绿灯行”的交通规则，如果不遵守规则，就要受到相应的处罚。但是，全国有那么多的路口，每天一个路口要经过那么多的车辆，全部靠人来监督是非常不现实的。

这就到了计算机大显身手的时候了。我们可以在每个路口放置摄像头，也就是传感器，摄像头每时每刻都会记录通过路口的车辆，然后将这些信息通过网络传递到服务器上，服务器会自动识别每辆车的车牌号，自动判定这辆车有没有违规，如果违规就会自动给司机发出处罚的通知。这就是有“智慧”的计算机，它们已经成为我们人类最聪明的助手。

那么，计算机的“智慧”是怎么出现的呢？下面，我们就聊一聊这个话题。

第1节 简述人工智能

我们当然认为计算机变得越聪明越好，计算机越聪明就越能帮助我们做更多的事情。那么怎样才能让计算机变得聪明起来呢？一个最简单的思路就是模仿我们人类的思维，把人类的经验变成一个个规则，编码到计算机中。我们确实也是这么做的，我们甚至把将计算机变聪明的技术叫作**"人工智能"**。但是，这个模仿的过程并不顺利，在历史上几经波折。下面，我们就来聊一聊这个话题。

早在1950年，艾伦·图灵（Alan Turing）在他的论文《计算机器与智能》（*Computing Machinery and Intelligence*）中就提出了一个问题：机器会思考吗？图灵还提出了测试人工智能水平的标准，这就是著名的**"图灵测试"**。图灵测试是指，人们通过设备向另外一个个体提问，如果对方是机器，而能让人误认为它是一个真人，那么我们就认为这台机器通过了图灵测试，它是具有智能的。这就是完全拿人来做参照。图灵最早提出了这样的概念，所以，他也被称为"人工智能之父"。

艾伦·图灵

艾伦·图灵是一位非常有传奇色彩的科学家。第二次世界大战期间，他的团队成功破解了德军的密码电报，这一贡献让二战提前两年结束，挽救了数千万人的生命。在生活中，图灵是一名同性恋，不被当时的社会所接受，就自杀身亡，年仅42岁，人们在他的桌上发现了沾有氰化钾的毒苹果。

为了纪念图灵，1966年美国计算机协会设立了图灵奖，这是当今计算机领域最负盛名、最崇高的奖项。很多人认为苹果公司联合创始人乔布斯当年设定的苹果公司标志——被咬了一口的苹果，就是为了纪念计算机科学先驱——艾伦·图灵。

1956年，一群科学家聚集在美国汉诺思小镇宁静的达特茅斯学院召开学术研讨会，就是在这个会议上，科学家首次正式提出了人工智能的概念。人工智能的英文名称为“Artificial Intelligence”，缩写是“AI”，这个概念一直被沿用至今，所以1956年也被认为是人工智能的元年。

在当时，人工智能的概念在整个社会上掀起了一股热潮，科学家们也信心百倍，提出了很多疯狂的目标和口号，甚至觉得人工智能可以在几年内超过人类的智力。但是，现实给他们泼了一盆冷水。

早期科学家对人工智能的发展思路，就是模仿人类的大脑，期望将其打造成一个通用型的“智能”机器。科学家们把人类的各种经验转变为一个个规则，然后通过编码的方式将其一条条编写到计算机上，人们期望通过不断地累积技术，让计算机在未来的某一天可以超过人类，最终可以处理所有的事情。

比如1959年，科学家编写的跳棋程序顺利战胜了设计者本人，并在1962年击败了当时的跳棋大师罗伯特·尼利（Robert Nealy）。这个跳棋程序会对所有可能跳法进行搜索，并找到最佳的解决方法。

再比如1966年麻省理工学院的人工智能学院，开发了世界上第一个聊天程序ELIZA，它能够根据提前设定的规则，对用户的提问进行模式匹配，然后从预先编写好的答案库中选择合适的回答。

这非常像人类发明飞机的历史进程。早期人类制造的飞机叫作扑翼飞行器，其实就是模仿鸟儿，扑翼飞行器有两个翅膀可以上下扇动。但是，这类飞机无一例外都失败了。一直到后来，人类对空气动力学和控制理论进行了深入的研究，人类掌握了飞行的原理之后，才在1903年，由莱特兄弟制造了人类历史上第一架真正的飞机。

人工智能也是如此。虽然模仿人类智能的方式取得了一定的成果，但是，很快人们就发现这种方式是有问题的。这种方式针对有确定规律或者有限可能的问题是比较有效的，比如跳棋，所有可走的步骤都是有限的；再比如聊天程序，针对某个问题，我们可以预制足够多的答案。对这类确定的问题，计算机可以通过穷举的方式来解决。而对于图像识别、声音识别等任务，人类无须动脑，靠本能和直觉就能完成，而计算机却做不到。

比如我们刚才提到的在路口查看车辆的例子，车子的种类各式各样，有不同的形状与颜色，而且行驶的位置也不尽相同。人类可以快速地把车牌号识别出来，但是计算机就没有办法提前把各种车的所有情况都列举出来，因此这是一个几乎不可能完成的任务。

科学家们逐渐意识到了这个问题。就像人类发明飞机一样，我们不再只模仿鸟儿，而是开始研究空气动力学，人工智能也是如此，人们开始逐渐放弃了完全模仿人类做通用智能的发展路径，开始聚焦到某个应用，针对一类问题寻找解决方案。

那么，针对图像识别、声音识别这类还没找到确定规律又有无限种可能的问题，到底该怎么来解决呢？办法就是找到一个近似的、尽可能符合实际的规律。那么，如何去寻找规律，又如何判断到底多贴近实际呢？下节我们将继续来聊。

第 2 节　解决难题的有效方法——统计分析法

什么是规律呢？举个例子，假设有一个无限长的数字串：1，2，3，4，5……我们来猜测一下，数字5之后的数字是多少？你可能会脱口而出——6！为什么会得出6这个结论呢？就是因为我们通过观察前面的数字，找到了一个规律——我们发现数字是依次加1的。

我们来回想一下是怎么发现这个规律的。我们先是找到了2和1的关系，然后发现3和2也是这个关系，以此类推，我们发现后面的数字都符合这个关系，形成了规律，因此我们推断接下来的几个数字也满足这样的规律。这种找规律的方式叫作**“统计分析法”**，这种方法就是统计已有的数据，并从中分析出规律来，这些已有的数据叫作**“样本”**。在这个例子里，从1到5的数字就是我们的样本。

其实，我们人类的很多经验都来自统计分析。比如，我们看到一只天鹅是白色的，另外一只也是白色的，我们看了几千只天鹅都是白色的，我们就会认为天鹅全都是白色的。再比如，我们接触了一个陌生人，第一次见面肯定是不熟悉的，第二次、第三次……随着见面次数的增加，我们对这个人的印象也越来越深，哪怕隔得很远，即使对方换了衣服，我们也能一眼将他认出来，其实，这也是因为我们通过一次次见面，掌握了这个人外貌的某种特征规律。

但是，我们找到的规律一定是对的吗？我们的经验一定是对的吗？不一定。比如天鹅的颜色，后来人们在澳洲发现了黑色的天鹅，这就打破了“天鹅都是白色的”这条统计规律；再比如这串数字，它后面的数字有可能是这样的：1，2，3，4，5，7，8，9，10，11，12，13，14，15……从5开始，数字的变化规律不一样了，那么，15之后的数字会是多少呢？

所以说，用统计分析这种方式获得的规律有可能只是一种近似的、临时的规律，随着统计样本数量的增加，这个规律可能会越来越逼近真实的情况。计算机就是通过这种方式来找寻找近似的规律的。下面，我们就来详细聊一下。

我们还是以数字串为例，我们要预测数字串1，2，3，4，5，7，8，9，10，11，12，13，14，15……中，15后面的数字是多少。那么，计算机怎样来找到这个规律呢？首先，计算机得靠人类给它一个近似的初始规律，比如对于这串数字，我们通过观察，发现有一个规律是数字串中数字跟这个数字所在的位置有关系，也就是说这个数字等于其所在位置的序号加上一个数字。这就是人类可以判断出来的初始规律，但是具体要加什么数字呢？

如果这串数字只有14个，那我们很容易就能判断出要加1，但是如果这个数字串非常长，这就到了计算机派上用场的时候了。计算机怎么找到要加多少数字呢？靠试。你没有看错，计算机就是靠不断地去尝试来获取规律的。由于计算机的计算能力远超人类，所以它可以不断去尝试。

计算机得到一个规律，就可以在现有的样本上进行试验。但是，试验的过程中我们怎样分辨哪个对哪个错呢？我们先得想好一个判断的标准，判断哪个结果更近似。比如我们可以将试验的结果跟这14个样本数字进行比较，差值越小，代表所试验的规律越好。我们把差值相加，就得到了这个规律最终的近似度，比如这里如果相加的数字是0，用这个规律我们计算出数字串是“1，2，3，4，5，6，7，8，9，10，11，12，13，14”，分别跟数字串“1，2，3，4，5，7，8，9，10，11，12，13，14，15”比较，最终得出的近似度就是9。近似度的数值越低，代表近似程度越高。

试验完了0，我们再去试1，得到近似度是5，很显然，加1这个规律比加0更好；我们继续去试2，得到近似度是19；继续再试3，得到近似度是33。很显然，看起来最好的相加数字就是1。于是，我们找到了最近似的规律，就是序列上的数字等于所在位置序号加1，因此15之后的数字就是16。

我们来总结一下计算机找规律的过程。首先，它需要我们人类设定一个比较近似的初始规律，这个初始规律计算机是没法自己来找到的。这个也很容易理解，人类从出生到真正走向社会参加工作，也是经过了漫长的学习的过程，而计算机是没有这个过程的，所以它没有我们人类有那么多的知识和经验积累。有了这个初始规律后，计算机就可以通过样本数据，逐渐修正这个规律，同时逐渐接近真实的情况。在这个过程中，我们需要先找到一个能够度量近似程度的标准，比如我们这里就是将试验结果跟样本的差值作为标准的。

有了初始规律和近似度的标准，下面就开始逐渐接近的试验过程。比如我们这里是从0开始的，然后依次试1、2、3等，看近似度怎么变化，得到近似度最高的数字，就是我们最终试验出来的规律。

我们可以看到，计算机所谓的智慧，其实还是要依赖我们人类的帮助。计算机需要我们人类给它提供初始规律和近似度的标准，然后还得给出试验的方法，因为方法不同，需要尝试的次数也是不一样的。

现在我们知道了统计分析法。那么通过这个方法，计算机是怎么解决语音、图像识别等问题的呢？下面我们继续来聊。

怎么识别声音？

小朋友们，我们先来做一个游戏吧，这个游戏需要我们有iPhone手机或智能音箱。下面我们以iPhone手机为例。

我们对着iPhone手机说："嘿，Siri。"手机就会像听懂了我们的话一样，问我们需要什么帮助。如果我们问："现在几点？"它就会告诉我们现在的时间。小朋友们，你也可以跟它聊聊别的，会有不一样的收获哦。当然，除了iPhone之外，一些智能音箱也有类似的功能，但是具体的操作方法可能不太一样，小朋友们可以请爸爸妈妈帮一下忙。

在这个场景中，Siri是iPhone手机中的一个语音识别软件。它可以听懂我们说的话，按照我们的吩咐做事，这个过程就是语音识别的过程。我们可以开动脑筋想一想，假设让我们来实现这个功能，我们会怎么做呢？

一个最容易想到的办法就是把每个汉字的发音都收集起来，然后将听到的话录制下来，逐个发音进行比对，从而找到对应的拼音，一句话就翻译成了一组拼音。但是，这里有一个严重的问题，那就是发音相同的汉字实在太多了，比如拼音“zuò”，可能是“做”，也可能是“坐”。每一个发音会对应一大堆汉字，那么，一句话就是一堆汉字的排列组合，这个排列组合的总数量是惊人的，我们要在这些可能的排列里面找到最有可能的一句话，难度非常大。

我们先来介绍一下排列组合的概念。比如我们从一副扑克牌里抽出两张扑克，我告诉你这两张中有一张是红桃，一张是黑桃，问你有多少种可能。我们知道一副扑克牌中的红桃扑克有13张，黑桃扑克也有13张。假设第一张是红桃A，那么另一张就可能是黑桃13张牌中的任意一张，也就是说会有13种可能。红桃的每一张牌都对应黑桃的13种可能，红桃自己也有13种可能。所以，全部的可能性有13乘以13，共169种。这些就是可能的排列组合数。

回到语音识别的问题上，假设我们说的话有13个字，每个字有一个发音，一个发音对应的汉字可能是个很大的数字。那么，这13个字的排列组合就会有13个很大的数字相乘，这会得到一个非常可怕的数字。因此对于语音识别这种问题，我们找不到一个确定的规律，而且排列组合的可能性非常多，这种问题就需要用到我们上节所说的统计分析法了。

统计分析的第一步，还是需要我们人类先给这个问题找到一个近似的规律，也就是说先把问题进行简化。虽然13个字排列组合的可能性会有很多，但是在日常用语中，被频繁使用的文字组合并不多。比如，如果我们发现两个字的发音是“zuótiān”，那么它们很大可能就是“昨天”这两个字，因为这个词组经常被使用。

于是，这个问题就被简化了。我们要在13个字的所有排列组合当中找到可能性最大的一组，也就是日常生活中，使用频次最高的一组。这就是我们设定好的初始规律，我们把问题转化成了使用频次的计算。

在进行第二步之前，我们先聊一下可能性是如何进行比较的。一件事情未来会怎么样，我们经过排列组合，会得到很多种可能。到底哪种可能会发生，我们是没有办法提前预知的。但是，我们可以从过往的经历当中，看到每种可能发生的频率，从而预计这种情况未来发生的可能性。我们管这种可能性叫作**“概率”**，概率越大，说明可能性越大。

我们来举个例子，比如我们转动一枚硬币，硬币只有正反两面，所以硬币停下来后，要么正面朝上，要么反面朝上。那么，我们能不能预测下一次硬币转动后朝上的是正面还是反面呢？我们可以通过过往的记录来进行预测。我们可以不断地转动硬币，分别记录正面和反面朝上的次数，这两种情况的次数占比就是它们的概率。如果我们尝试的次数比较少，可能正面朝上的次数比较多，也可能反面朝上的次数比较多；尝试的次数越多，正面和反面朝上的次数就越接近。我们可以说正面和反面朝上的概率都是50%，也就是说这两种情况的概率是相同的。

我们找可能性最大的一组其实就是找概率最大的一组。而计算概率需要尝试的次数足够多，也就是样本数据足够多。

我们下面进入第二步，就是要找到足够多的样本数据，也就是我们要搜集大家日常生活中经常说的话。我们可以把互联网上所有网页里的文章都搜集下来，然后统计这些文章中使用最多的词和句子，得出每个字互相组合的概率，以及每个词互相组合的概率，由此我们就能从无数种排列组合当中找到概率最大的组合，也就完成了语音的识别。

第三步，我们不可能找到所有的样本。当样本量比较少的时候，偏差就会比较大。统计分析只能得到一个近似的规律，我们要不断地去修正它。所以，我们还得找到验证这个规律的标准。在上节中，我们找到的验证标准是试验出的数字和真实数字之间的误差。在语音识别的例子中，我们也得找到一个验证的标准。

我们可以随机找一些人来帮助我们进行验证，我们可以录制一些他们随便说的话，然后让计算机用这个规律去识别，看看识别的准确率如何。

有了验证的标准后，下一步就是不断地训练计算机，也就是不断地统计新的样本，然后再不断去验证，从而不断调整概率，最终让这个规律达到最佳的效果。

就像我们转动硬币的例子，转动的次数越多，概率越接近真实的情况。

到这里，我们就讲完了语音识别的整个过程，让我们来整体回顾一下。首先，我们要通过对比汉字的发音，将人类说过的话转换成一个个拼音。但是，一个拼音往往对应着很多的汉字，排列组合后的可能情况非常多，因此我们需要统计分析过往人类的文章和文字，统计出每个汉字、每个词之间经常被组合使用的概率。通过利用这个概率，我们就可以计算出每一种组合的概率，概率最大的就极有可能是我们说的话。

当然，在这里我们把语音识别的整个过程做了极度的简化，真要实现这个功能的话，整个过程是非常复杂的。

怎么识别图像？

我们先来做一个小游戏。首先，请大家在手机上安装并打开“百度”应用，点击搜索框右侧的照相机按钮，我们此时就可以给任何物品拍照了。如图6-2-1所示，我给桌子上的植物拍了照，这时候百度就自动识别出了这个植物是绿萝，并列出了绿萝相关的信息。

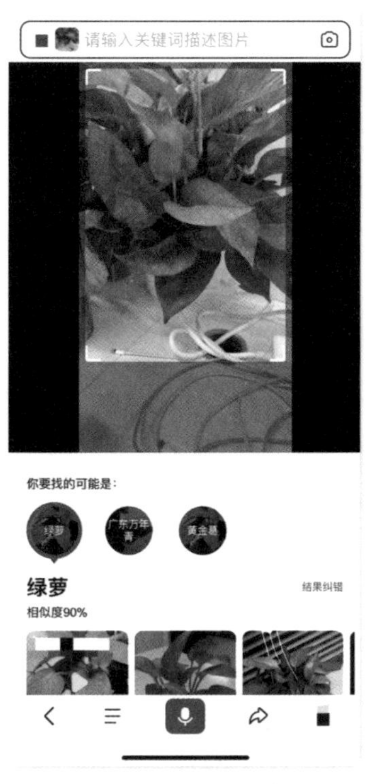

图6-2-1　图像识别应用

这种技术就是**“图像识别”**，大家还可以用它来识别其他的物品，快去试试吧！

我们来想一下，计算机是怎么做到图像识别的呢？每个人拍摄的角度都是不一样的，被拍摄物品本身的状态也不同，比如植物会有不同的生长阶段，我们不太可能提前把所有的情况都记录下来。这时候统计分析法又派上用场了。

统计分析的第一步，还是得找到一个初始的规律。每种植物都有异于其他植物的局部特征，比如叶子、枝条、花朵的颜色和形状等。如果我们找到这一类植物的所有局部特征点，那么就可以对比这些特征点。要识别的图像拥有的相同特征点越多，就越有可能是同类植物。

这就是我们的初始规律。我们把一个困难的问题拆分为两个相对简单的问题，第一个问题就是收集这一类植物的所有特征点，第二个问题就是找出并匹配目标图像中的特征点。

那么该怎么收集一类植物的特征点呢？这就需要第二步——找到足够多的样本数据。但是，这一步并不简单，虽然互联网上有那么多的照片，但是并没有人可以说清楚照片上的到底是什么东西。这种数据我们没有办法直接使用，所以在使用之前我们需要对照片进行人工标注。

第三步，我们得找到验证图像识别准确率的办法。这个办法也很简单，我们可以从被标注的样本中取出一部分作为验证样本，用这些样本来验证我们找到的规律的效果如何。

第四步，有了样本库和验证准确率的办法，下一步我们就要开始进行规律的训练了。我们可以统计分析一类植物的所有图片，统计出这类植物有哪些特征点。当然，一个特征点可能在其他植物中也会出现，但是多个特征点的组合就可能只出现在一类植物上。

ImageNet

图像识别业内最知名的图片样本库叫ImageNet，它招募了很多大众志愿者来标注图片，平均每个人每分钟能标注50张图片。小朋友们可以自己上网搜索一下它的历史，会发现很多了不得的东西。

然后，我们就可以进行图像识别了。当我们拍摄一个植物的时候，计算机可以逐个部位去识别这个植物有哪些特征点，知道了这个植物有哪些特征点，就可以根据特征点的组合，来找到它跟哪类植物的相似度最高了。

比如，我们刚才识别的植物，百度应用告诉我们它跟绿萝的相似度是90%，也就是说它的叶子和茎干具有跟绿萝一样的特征点。

当然，我们这里把图像识别的过程也做了极大的简化，具体实现它的过程还是非常复杂的。

无处不在的统计分析法

嗨！我在这篇文章里藏了关于统计分析法的“小金矿”，大家一起来找找吧。另外，不仅在计算机领域，统计分析法对其他领域问题的解决也很有帮助。

我们在前面两节介绍了如何用统计分析法解决声音和图像识别的问题。其实，统计分析法也是我们人类获取知识的非常重要的一种手段。它对我们的帮助还不仅仅如此，下面，我们就来聊一聊这个话题。

我们人类学习各种知识其实都是在用统计分析法。比如我们学习骑自行车，就要经过一段时间的练习，中间可能会摔倒，但是只有不断地尝试，才能让我们累积经验，并最终学会它。

统计分析法也给了我们很多的启示。人类所谓的经验其实都是在“统计”过往发生的事情并分析其中的规律，这些有用的规律最终成为我们的实际经验。

第一个启示是，如果我们想加快学习的速度，快速积累经验，就不能只是盲目地学习，还得在学习的过程中不断分析，找出其中的窍门和方法，这样才能事半功倍。

统计分析有什么窍门吗？确实是有的。

第一个窍门就是要快速积累足够多的样本数据。在我们学习一个知识点的过程中，要围绕这个知识点学习更多相关知识，同时还要做大量的练习。这个积累的过程是没有捷径的，但我们可以聚焦在一个知识点上，快速地将其学透。

第二个窍门就是要学会分类找特征。所谓的分析、找规律的过程，其实就是分类找特征的过程。在了解相关知识和大量练习的过程中，我们还要对“样本数据”不断地进行分类，从而找出其中的特征。

举个例子，当我们准备期末考试的时候，我们可以把历次期末考试的试卷和书本拿出来，先分一下类，分析那些题目考的都是哪些知识点，然后把知识点相同的题目汇集起来，看看其中哪些题目我们做错了，哪些做对了。这样，我们就把考试要考的内容做了分类，我们自然就知道哪些知识点是考试经常考的，哪些是我们容易出错的。有了这样的分类，我们再进行复习的时候，就可以做到有的放矢，还可以把精力着重放到经常考的重要知识点和容易出错的知识点上。

第三个窍门是，统计分析中有不断校验的过程，在学习的过程中也是如此。我们不能只是单纯地对知识点进行背诵和记忆，还得配合针对性的练习。这个练习要着重针对我们薄弱的知识点来做，不断校验自己有没有进步，有没有对其掌握得更好，只有这样有目的地练习，才能取得更快的进步。

第二个启示是，统计分析的结果是非常依赖样本数据的，如果样本数量非常少或者有遗漏，那么，我们得出结论就需要非常谨慎。随着样本量的增加，这些结论有可能会被证明是错误的。

举个例子，假如有一次考试我们没有考好，我们大可不必自责内疚，甚至怀疑自己。因为没考好的样本次数太少了，放到我们整个人生来看，更是不值一提，一次失利并不能否定我们的整体能力。当然，我们也要充分重视这次没考好的事实，要去分析其中具体的原因，做好针对性练习，争取下次考出好的成绩。

我们学习的很多知识点也是如此，当下是正确的，不见得未来仍是正确的。学习的过程中不能死记硬背、照本宣科，而是要多问为什么，了解知识背后隐含的条件，只有这样才能活学活用，做到真正的掌握。

到这里，我已经介绍完了有“智慧”的计算机。

计算机是通过电来模拟计算的，它其实并不知道什么是计算，以及计算的意义到底是什么。同理，计算机也没有像我们人类一样的智慧，所谓的“智慧”是计算机和我们人类共同协作展现的。

但是，这并不妨碍计算机是我们人类最好的朋友和帮手，它极大地扩展了我们人类的能力边界。我们和计算机一起生活在互联网这个大社区里，它是我们生活中不可或缺的一部分。

人工智能涉及的知识极其复杂，我在这里只是简单地带大家探索了一番。整本书也只是揭开了计算机世界非常小的一部分面纱，仅仅露出了冰山一角。

计算机是我们人类到目前为止制造的最复杂、最顶尖的工具，制造计算机的过程，也是一代代人不断挑战脑力极限的过程，这个过程非常坎坷曲折，期望大家能够感受到其中创造知识的快乐。

未来的计算机必将更加复杂，也更加智能，它必将成为我们生活中不可分割的一部分，希望你能真正了解它，并成为它最好的朋友。

附 录

计算机发展历程

1812年　英国数学家查尔斯·巴贝奇（Charles Babbage）开始设计制造机械计算机——差分机。

1938年　美国数学家、信息论的创始人克劳德·香农（Claude Shannon）发表了他的重要论文《对继电器和开关电路中的符号分析》（*A Symbols Analysis of Relay and Switching Circuits*），文中首次提及数字电子技术的应用。他向人们展示了如何使用开关来实现逻辑和数学运算。

1906年　美国发明家德福雷斯（deForest）特发明了电子管，为计算机的发展奠定了基础。

1941年　阿塔纳索夫-贝瑞计算机（Atanasoff-Berry Computer，简称ABC）诞生。它是世界上第一部电子计算机，它使用了真空管计算器、二进制数值和可复用内存。

1945年　美籍匈牙利数学家冯·诺依曼（John Von Neumann）等人，发表了计算机史上著名的“101页报告”。这份报告奠定了现代电脑体系结构坚实的根基。报告明确规定出计算机的五大部件（输入系统、输出系统、存储器、运算器和控制器），并用二进制替代十进制运算，大大方便了机器的电路设计，这就是著名的“冯·诺依曼架构”。冯·诺依曼也因此被称为“计算机之父”。

1950年　英国数学家、逻辑学家、人工智能之父艾伦·图灵（Alan Turing）发表了一篇划时代的论文《计算机器与智能》（*Computing Machinery and Intelligence*），文中预言了创造出具有真正智能的机器的可能性，并提出了著名的图灵测试：如果一台机器能够与人类展开对话（通过电传设备）而能不被辨别出其机器身份，那么称这台机器具有智能。

1955年　艾伦·纽厄尔（Allen Newell）和后来荣获诺贝尔奖的赫伯特·西蒙（Herbert A. Simon）在肖乌（J. C. Shaw）的协助下开发了“逻辑理论家”（Logic Theorist）程序。这个程序能够证明伯特兰·罗素（Bertrand Russell）和怀特海（Alfred North Whitehead）所著《数学原理》（*Principia Mathematica*）中前52个定理中的38个。

1956年　达特茅斯会议举行。科学家们在这个会议上确定了“人工智能”（Artificial Intelligence，简称AI）的名称和任务，催生了后来人所共知的人工智能革命，这一事件被广泛承认为AI诞生的标志。

1956—1974年　人工智能的第一次繁荣期。达特茅斯会议之后的数年是大发现的时代。对许多人而言，这一阶段开发出的程序堪称神奇：计算机可以解决代数应用题，证明几何定理，学习和使用英语。当时大多数人几乎无法相信机器能够如此“智能”。研究者们在私下的交流和公开发表的论文中表达出相当乐观的情绪，认为具有完全智能的机器将在20年内出现。

1946—1957年　电子管计算机时代。它的特点是操作指令是为特定任务而编制的，每种机器有各自不同的机器语言，功能有限，速度也慢。

1958年　美国德克萨斯公司发明了半导体集成电路。

1959—1964年　晶体管计算机时代。晶体管代替了体积庞大的电子管，使用磁芯存储器，体积小、速度快、功耗低、性能稳定。晶体管计算机还应用了现代计算机的一些部件：打印机、磁带、磁盘、内存、操作系统等。在这一时期出现了更高级的COBOL和FORTRAN等编程语言，计算机编程变得更容易。新的职业（程序员、分析员和计算机系统专家等）和整个软件产业由此诞生。

1965—1970年　集成电路计算机时代。以中小规模集成电路来构成计算机的主要功能部件。主存储器采用半导体存储器。运算速度可达每秒几十万次至几百万次基本运算。在软件方面，操作系统日趋完善。

1969年　美国国防部高级研究计划局（Advanced Research Projects Agency，简称ARPA）开始建立一个名为ARPANET的网络，一开始只有四个结点，分别分布在加州大学洛杉矶分校、加州大学伯克利分校、斯坦福大学和犹他大学的4台大型计算机中。ARPANET就是今天互联网的前身。

1971年至今　大规模和超大规模集成电路计算机时代。计算机以大规模集成电路（LSI）和超大规模集成电路（VLSI）为主要电子器件，其重要分支是以LSI和VLSI为基础发展起来的微处理器和微型计算机。

1971年　英特尔公司（Intel）生产出它的第一个微处理器——Intel 4004。

1974—1980年　人工智能的第一次低谷期。到了70年代，AI开始遭遇批评，随之而来的还有资金上的困难。此前的过于乐观使人们期望过高，当承诺无法兑现时，对AI的资助就被缩减或取消了。

1975年　ARPANET的运行管理权被移交美国国防通信局。

1975年　比尔·盖茨（William Henry Gates Ⅲ）和保罗·艾伦（Paul Gardner Allen）建立微软公司（Microsoft），并开发出Altair计算机使用的BASIC语言。

1980—1987年　人工智能的第二次繁荣期。在80年代，一类名为“专家系统”的AI程序开始为全世界的公司所采纳，而“知识处理”成了主流AI研究的焦点。

1981年　IBM推出在Intel 8088 信息处理器上运行的个人计算机。这种5150型计算机是现代个人计算机的原型，并在MS-DOS（微软磁盘操作系统）上运行。个人电脑时代到来。

1983年　苹果公司的创始人乔布斯（Steve Jobs）在Comdex大展上首次展示了令人激动不已的麦金塔（Macintosh）计算机，从此，个人电脑千篇一律的字符界面逐渐被生动、极富个性的图形界面所取代，多媒体技术广泛应用的春天即将来临。

1983年　ARPA和美国国防通信局研制成功了用于异构网络的TCP/IP协议；ARPANET分裂为两部分——一个新的、较小规模的ARPANET和纯军事用的MILNET。

1985年　英特尔公司推出Intel80386微处理器，这是第一种可进行多任务处理的微处理器。微软首次发布Windows操作系统。

1986年　美国国家科学基金会（National Science Foundation，NSF）利用ARPANET发展出来的TCP/IP通信协议，建立了名为NSFNET的广域网。在美国国家科学基金会的鼓励和资助下，很多大学、政府资助的研究机构甚至私营的研究机构纷纷把自己的局域网并入NSFNET中。

1987—1993年　人工智能的第二次低谷期。专家系统维护费用居高不下，它们难以升级、难以使用、脆弱（当输入异常时会出现莫名其妙的错误），成了以前已经暴露的各种各样的问题的牺牲品。并且专家系统的实用性仅仅局限于某些特定情景。人们开始对专家系统失望，研究经费大幅缩减。

1990年　微软公司推出Windows 3.0。

1990年　ARPANET退出历史舞台。NSFNET彻底取代了ARPANET而成为主干网。

1989—1990年　蒂姆·伯纳斯-李（Tim Berners-Lee）提出HTML超文本系统，并在1990年底开发出了浏览器和服务器软件。

1993年　英特尔推出奔腾（Pentium）处理器。

1993—2011年　人工智能的第三次繁荣期。人们广泛地认识到，许多AI需要解决的问题已经成为数学、经济学和运筹学领域的研究课题。归功于计算机性能的提升，AI开始被成功地用在技术产业中，并解决了大量的难题，应用了AI技术的有数据挖掘、工业机器人、物流、语音识别、银行业软件、医疗诊断和搜索引擎等。

1994年　万维网联盟（World Wide Web Consortium，W3C）成立，致力于对HTML、XHTML、CSS、XML等网络标准进行制定和

推广。

1994年　网景通信公司（Netscape Communications Corporation）推出了代号为“网景导航者”（Netscape Navigator）的浏览器，互联网历史上第一款商业化浏览器产品诞生了。

1995年　Windows 95面市，并在4天内售出了100多万份。此外，微软公司提出，将把因特网功能加入其所有产品；以微软和英特尔为核心的个人计算机时代正式到来。

1995年　第一款GSM手机爱立信GH337出现，第二代移动通信（2G）到来，诺基亚、爱立信、摩托罗拉“三足鼎立”。

1997年　世界国际象棋冠军加里·卡斯帕罗夫（Garry Kimovich Kasparov）被IBM公司的超级计算机“深蓝”击败。

1998年　谷歌公司正式成立，由拉里·佩奇（Lawrence Edward Larry Page）和谢尔盖·布林（Sergy Mikhaylovich Brin）共同创建。

2007年　苹果公司发布第一代iPhone手机，智能手机时代到来。

2011年至今　人工智能领域，深度学习出现。

2016年　“阿尔法围棋”（AlphaGo）与围棋世界冠军李世石进行围棋人机大战，以4：1的总比分获胜。

2017年　在中国乌镇围棋峰会上，“阿尔法围棋”与被认为当今全球人类围棋第一人的柯洁对战，以3：0的总比分获胜。围棋界公认“阿尔法围棋”的围棋能力已经超过人类职业围棋顶尖水平。

……